全景百科•学生版

令孩子着迷的100个超级武器

畲田 编著

陕西新华出版传媒集团
陕西科学技术出版社
——西安——

比陆地宽阔的是大海；
比大海宽阔的是天空；
比天空更为浩瀚的是
无穷的知识；
来吧！让我们一起去
畅游知识的海洋。

——改自维克多·雨果

前言 Foreword

战争可以影响一个国家的兴亡，取得最后胜利是每个参战国家的最大目标。而集人类智慧于一体的武器则是战争舞台上的主角，它们无论是进攻还是防御，都尽情展示着自己巨大的威力，令世人震撼。

进入 20 世纪，随着科学技术的飞速发展，先进雷达设备、通信设备、制导设备的大量应运，使各种武器成为战场上的“千里眼”“顺风耳”及“多面手”。因此，有人说 20 世纪就是武器技术大革命的一个世纪。

武器在和平年代里似乎失去了昔日的辉煌，但却给人类带来了更多的神秘感。精致的手枪、笨重的坦克、威猛的火炮、灵活的军用飞机、多功能的舰艇等，都是我们渴望了解的。

本书荟萃了多种知名武器，分别介绍了它们的独特性能及制造、使用中发生的有趣故事。简洁生动的文字配以精美、翔实的图片，将带领小读者进入一个五彩缤纷的武器世界。

目 录 Contents

手 枪

步 枪

火 炮

坦 克

军用飞机

舰 艇

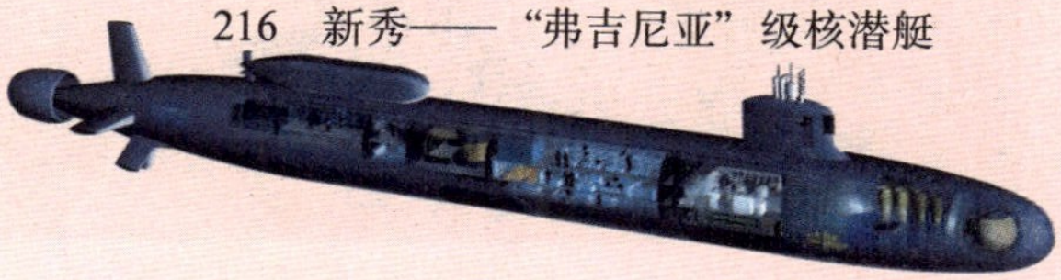

手　枪

手枪是我们最常见的武器，它是一种尺寸小、重量轻、便于携带或藏匿的小型枪械。手枪自诞生以来，生产数量、款式和品种都是所有枪械中最多的。现代手枪主要有左轮手枪、自动手枪、全自动手枪三种类型。

No.001

沙场老将——早期手枪

枪最早诞生时并没有步枪与手枪之分，形象地说，手枪一开始只是一种缩小了的步枪，经过约 500 年的漫长发展和演变，才有了我们今天所说的手枪。

火门枪

火门枪

火门枪出现在 14 世纪初期，它的枪筒采用铜质或铁质，发射前先塞入火药，再塞入金属弹丸，使用者一手托着枪，一手拿着碳条，由枪筒上的小孔点燃火药，激发弹丸。火门枪已具备现代枪支的基本原理，堪称枪支鼻祖。

手持三眼铳的明朝士兵

手铳

在我国明朝时期，出现了一种小型的铜质火铳——手铳，它的口径一般为 25 毫米左右，长约 300 毫米。手铳其实就是火铳的缩小版，可以看作是手枪的一个起源。

火绳枪

燧发式手枪

15世纪，手枪由点火枪改进为火绳枪，实现了真正的单手射击。到17世纪，燧发式手枪取代了火绳枪，已具备了现代手枪的特点，击发机构具有击锤、扳机、保险等装置，而且枪膛也由滑膛和直线开线膛发展为螺旋形线膛。

燧发式手枪

手枪的由来

关于手枪出现时代的说法有两种。一种说法是手枪出现在1419年，胡斯信徒在反对两吉斯蒙德的战争中使用了一种哨声短枪，手枪因此得名。另一种说法是手枪出现在1540年，意大利人造出了皮斯托亚手枪。

知识小笔记

击锤是用来撞击击针尾端，使之前进并击发枪弹底火的一个零件，分为回转式和直动式两种。

No.002 精致武器——德林杰手枪

德林杰手枪是美国人德林杰于 1825 年发明的，它结构简单，携带方便，拔枪容易，非常适合在近距离的紧急情况下使用。1864 年，美国总统林肯遭刺身亡，凶手使用的就是这种手枪。

1864 年，美国总统林肯被人用德林杰手枪暗杀。

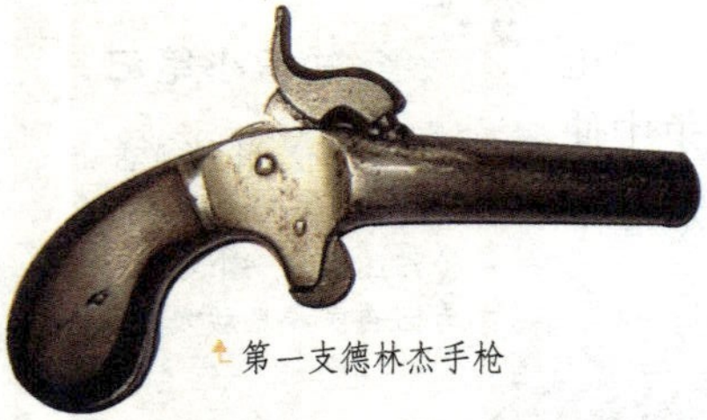

第一支德林杰手枪

雷明顿德林杰手枪

雷明顿公司 1865 年获得了生产德林杰手枪的专利，研制出 10.4 毫米口径的雷明顿双管德林杰手枪。此时，雷明顿的“德林杰”已改为“derringer”。从 1866 年开始销售第一支以来，雷明顿公司生产销售的德林杰手枪已经超过 15 万支。

被迫改名

虽然德林杰手枪有很多优势，但由于凶手用这种手枪刺杀了林肯总统，所以美国军民拒绝使用它。后来德林杰和一些枪械商人把 deringer 改成 derringer，并且用这个新名字制造了一个新的枪械系列。

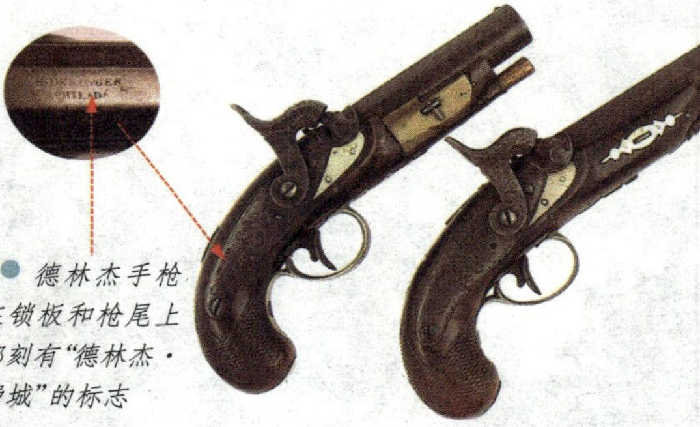

德林杰手枪在锁板和枪尾上都刻有“德林杰·费城”的标志

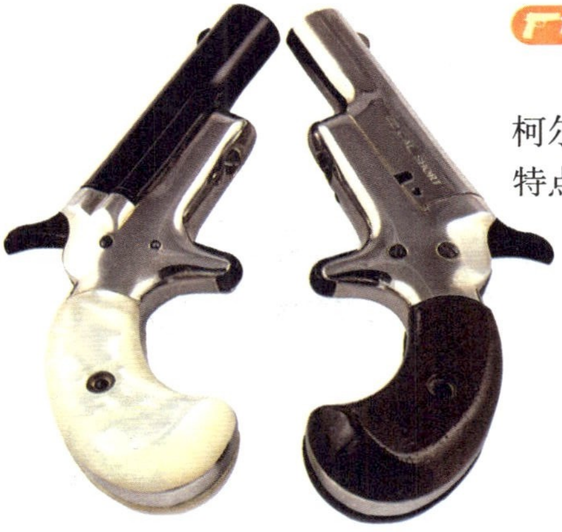

柯尔特德林杰手枪

柯尔特公司于 1870 年推出一款德林杰手枪，由柯尔特公司雇员 F. 亚历山大·瑟尔设计。这种枪的特点是采用枪管左右摆动的方式退壳和装填，并可自动退壳。柯尔特德林杰手枪一直延续生产到 1912 年。

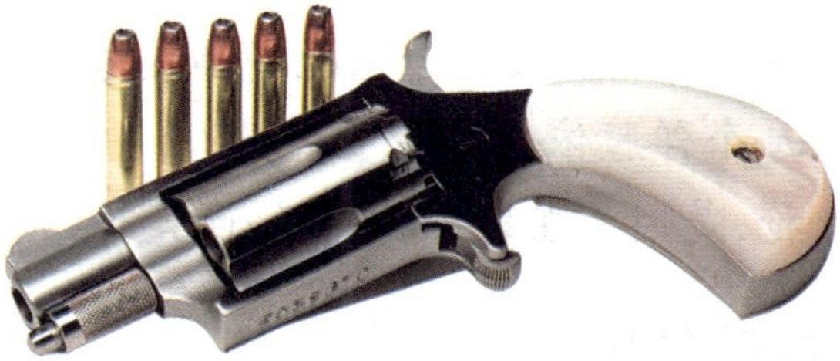

美国德林杰手枪

美国德林杰公司是 1980 年由罗伯特·A. 桑德斯创办的。创业初期，桑德斯的市场并不景气，后来受雷明顿双管德林杰手枪的启发，他生产了 60 多种不同口径的不锈钢德林杰手枪，成功跻身于美国公司前 500 名之列。

女士德林杰手枪

当美国德林杰手枪热销的时候，桑德斯的妻子伊丽莎白认为女士也需要佩带武器来防身，于是建议丈夫生产女士德林杰手枪。女士德林杰手枪不仅实用，而且漂亮、简洁，深受女士们的喜欢。

知识小笔记

随着时间的流逝，人们记忆中的“德林杰”已成为一种短管、大口径小手枪的代名词。

No.003

家族明星——左轮手枪

左轮手枪是一种带多弹膛转轮的手枪，它是非自动手枪家族中最著名的成员。左轮手枪能绕轴旋转，可使每个弹膛依次与枪管相吻合。它之所以叫左轮手枪，是因为在射击时，转轮向左旋转。

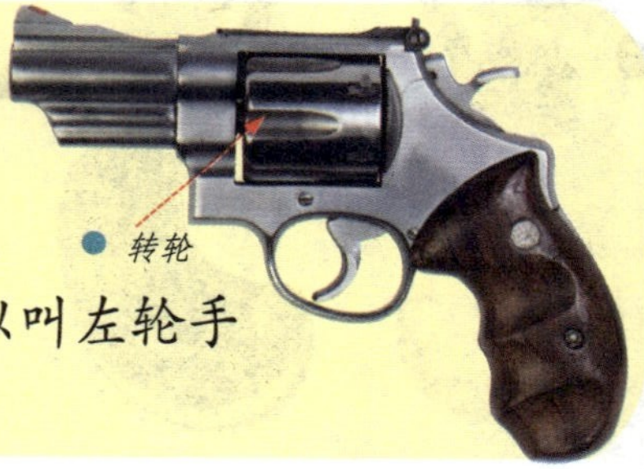

美国南北战争为左轮手枪打造了一个施展威力的平台

生不逢时

由于转轮和弧形手柄的设计，左轮手枪成为所有手枪中最具美感的一种。然而这位枪中“美人”却生不逢时。直到诞生 30 年后，爆发了美国南北战争，它才第一次作为军用手枪开始在战争中广泛使用。

左轮手枪开火时发出的光芒非常耀眼

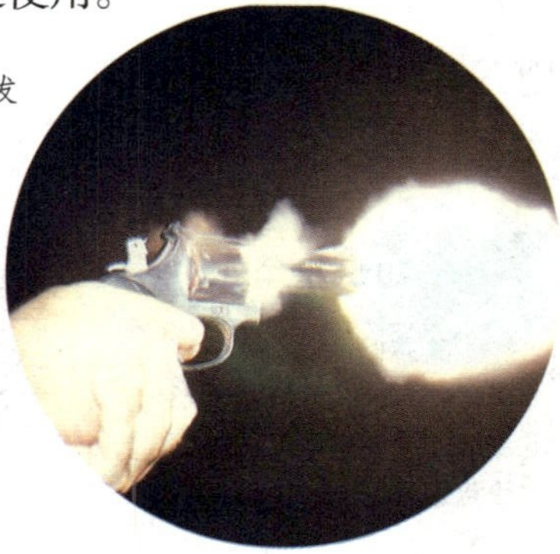

最可靠的枪

左轮手枪的性能非常可靠，在射击中，若某一发子弹出现不能击发时，只需再次扳动扳机，就可以击发下一发子弹，避免了在战斗中出现火力突然中断的危险。它很适合执行特殊任务，如在衣兜中隐蔽射击。

◂ 塞缪尔 · 柯尔特

美中不足

虽然左轮手枪在 20 世纪初独领风骚，但作为军用手枪，它也有不足之处，如容弹量少、射速低、重新装填时间长、威力较小等。因此，第二次世界大战之后，左轮手枪在军队中的地位被自动手枪取代。

知识小笔记

左轮手枪装有一个转鼓式弹仓，内有 5~7 个弹巢，枪弹装在巢中。

左轮手枪之父

世界上第一支具有实用价值的左轮手枪，是由美国发明家塞缪尔 · 柯尔特在 1835 年发明的。虽然后来人们对左轮手枪进行了改进，但其基本结构和原理依然保持着柯尔特发明时的原样，所以柯尔特是当之无愧的“左轮手枪之父”。

刺客的最爱

左轮手枪似乎总是和刺杀联系在一起。1881 年 7 月 2 日，美国总统加菲尔德遇刺，凶手使用的是一种名为柯尔特的左轮手枪。1901 年 9 月 6 日，凶手使用左轮手枪刺杀美国第 25 任总统麦金莱。

No.004

现代手枪的标志——自动手枪

自动手枪是指在射击过程中能自动完成开锁、抽壳、抛壳、待击、再装填、闭锁等动作的半自动手枪。人们一般都习惯将半自动手枪称为自动手枪，它是现代手枪的标志。

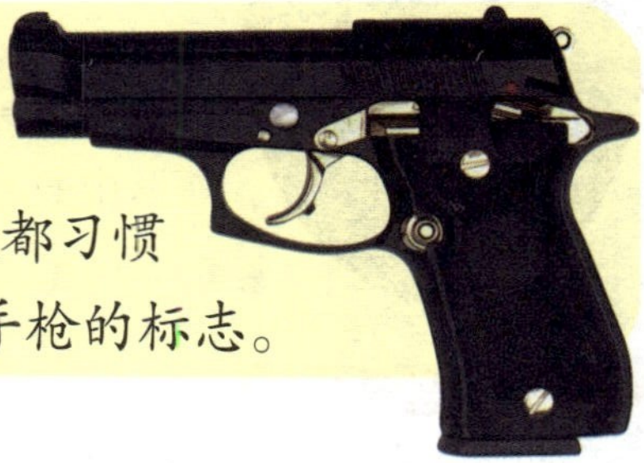

自动手枪第一人

奥地利人约瑟夫劳曼是新手枪发明的第一人，他于 1892 年发明了世界上第一支自动手枪，并在法国和英国获得发明专利。自动手枪的问世，为新手枪的出现带来了一丝曙光。

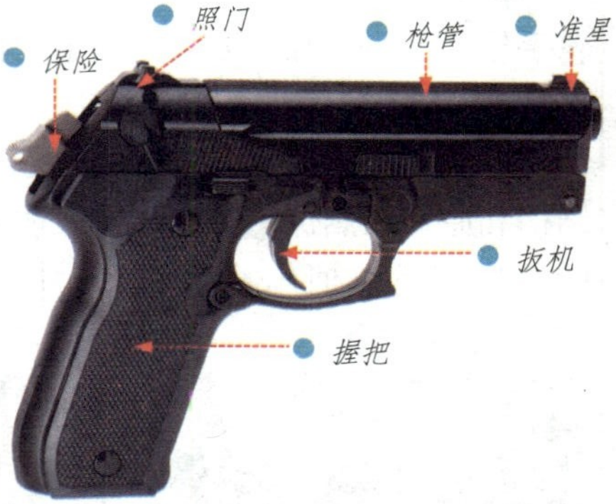

第一支军用自动手枪

世界上第一支真正的军用自动手枪是 7.65 毫米毛瑟自动手枪，它是费德勒三兄弟于 1895 年发明的，被命名为 C96 式毛瑟手枪。

自动手枪的特点

自动手枪应用新技术后，得到了巨大的成功。现代手枪的基本特点是：变换保险、枪弹上膛、更换弹匣方便、结构紧凑、自动方式简单等。

QSZ92 自动手枪

QSZ92 自动手枪

中国从 1994 年开始研制 QSZ92 自动手枪。该枪采用了多重保险机制，能够适应各种恶劣的气候和温度条件，对目标的伤害力极强。

第一支实用的自动手枪

1893 年，德国人雨果·博查特发明了世界上第一支实用的自动手枪。博查特手枪采用枪管短后坐式的自动原理，肘节式闭锁机构，弹匣供弹，弹匣装在手枪握把里。该枪开锁、抛壳、待击、再装填、闭锁等动作均可由枪机的后坐和复进来完成。

知识小笔记

我国抗日战争中曾广泛使用的“驳壳枪”和“20 响”，就是毛瑟式自动手枪。

No.005

“常青树”——M1911A1

自动手枪 M1911A1 是世界上最著名的手枪之一，也是世界上装备时间最长、装备量最大的手枪，被许多国家军队采用。它的设计者是大名鼎鼎的美国著名枪械设计师勃朗宁。该枪在美国军队中服役已有 70 多年，被称为手枪中的“常青树”。

战争的洗礼

柯尔特 M1911A1 自装备部队以来，跟随美军经历了无数次战役，几乎见证了美国的每一个战争历程，经受过各种考验。

1985 年，美国政府宣布 M1911A1 光荣退役，它的地位被 9 毫米 92F 伯莱塔手枪取代。

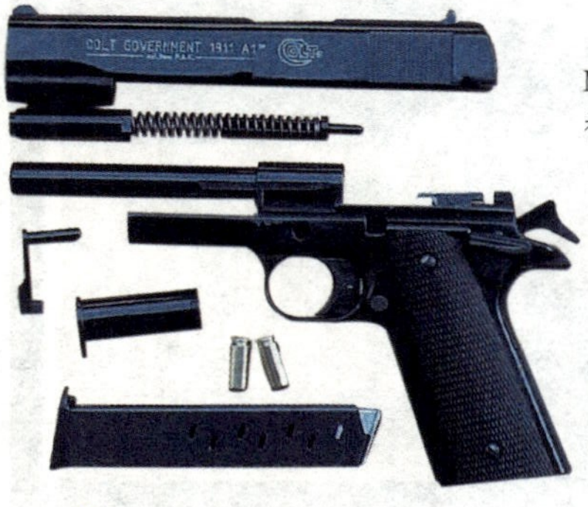

柯尔特 M1911A1 的分解图

军用手枪之王

第二次世界大战结束后，美国陆军曾对德国的“沃尔特”、日本的“14 式”、美国的“柯尔特 45 式”和 M1911A1 等多种手枪进行综合性能的评比。最终，M1911A1 手枪以满分独占鳌头。

▲M1911A1 手枪在战场上发挥着以一敌百的作用

绝无仅有的枪种

据统计，截至 1945 年第二次世界大战结束，美军已经购买了 270 多万支 M1911A1 自动手枪，它的派生产品有 100 多种，这在枪械发展史上是绝无仅有的。

知识小笔记

武器小档案

类　　型：	自动手枪
生产厂商：	美国柯尔特公司
枪　　长：	593 毫米
枪　　重：	2.23 千克
口　　径：	11.43 毫米
发射方式：	单发
弹匣容量：	7 发
有效射程：	50 米

不老的传奇

有关 M1911A1 自动手枪的故事很多。其中最为传奇的是，1918 年 10 月 8 日，一个名叫阿尔文·约克的美国士兵在用一支步枪射杀了德军的一个机枪组后，仅用一支 M1911A1 手枪，就使 132 名德国士兵投降。

光荣退役

1985 年，美国政府宣布 M1911A1 光荣退役，它的地位被 9 毫米 92F 伯莱塔手枪取代，并将这种新式手枪命名为 M9。

No.006

美军新宠——“伯莱塔”92F

能够取代 M1911A1 而成为美军现役的制式手枪，足以说明伯莱塔 92F 式自动手枪的性能优良。它是在伯莱塔 92 式系列手枪的基础上研制而成，被美军采用后命名为 M9 式手枪。

标志的意义

伯莱塔公司的标志由一个圆环内的 3 枝箭组成，这 3 枝箭所代表的意思分别是：容易瞄准、弹道平直、命中目标。

BARRETT

伯莱塔公司的标志

多种优点集一身

伯莱塔 92F 式手枪的枪身使用轻合金制造，整支枪具有重量轻、射击精度高、故障率低、适应性强、耐腐蚀等优点。美军的青睐更使其声名远扬。

防患未然

伯莱塔 92F 装备初期，手枪的套筒与闭锁卡铁连接的位置容易断裂，发生过 3 起断掉的半个套筒向后飞出打伤射手的事故。后来 92F 所有的部件都使用最好的钢材制造，从此再也没有发生过套筒断裂的事故。

威力巨大的子弹

伯莱塔 92F 式手枪使用 9 毫米的帕拉贝伦手枪弹，美军定型为 M882 型子弹，它全重 12.2 克，弹头重 7.4 克。该子弹威力巨大，可使人中弹后较快地失去抵抗能力。

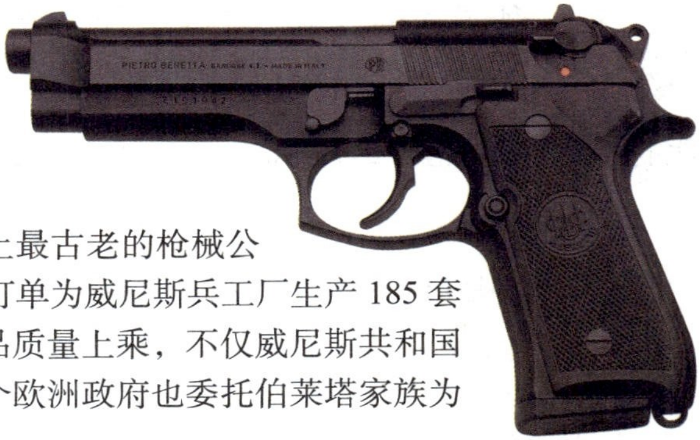

伯莱塔公司

意大利伯莱塔公司是世界上最古老的枪械公司之一。1526 年，伯莱塔接到订单为威尼斯兵工厂生产 185 套火绳枪枪管。由于伯莱塔的产品质量上乘，不仅威尼斯共和国经常订购其产品，而且其他多个欧洲政府也委托伯莱塔家族为其制造枪械。

知识小笔记

武器小档案

类　　型：自动手枪
生产厂商：意大利伯莱塔(皮埃特罗)公司
枪　　长：217 毫米
枪　　重：0.98 千克
口　　径：9 毫米
弹匣容量：9 发
有效射程：50 米

No.007 一发制敌——“沙漠之鹰”

“沙漠之鹰”手枪是一种进攻型手枪，可直接更换 4 种不同的枪管。这种手枪是专门为在近战中能一发制敌而研制的，它发射的 12.7 毫米子弹射入人体后能将巨大的动能传递给肌肉和其他器官，造成严重伤害。

IMI 公司的标志

知识小笔记

武器小档案

类　　型：	自动手枪
生产厂商：	以色列军事工业公司
枪　　长：	260 毫米
口　　径：	9.1 毫米
发射方式：	单发
弹匣容量：	9 发

恐怖的后坐力

“沙漠之鹰”有一个缺点就是开枪时会产生巨大的后坐力。有一次，一个初次使用“沙漠之鹰”的人因为没有注意握枪动作而使右手腕骨折。看来它巨大的后坐力的确不容忽视。

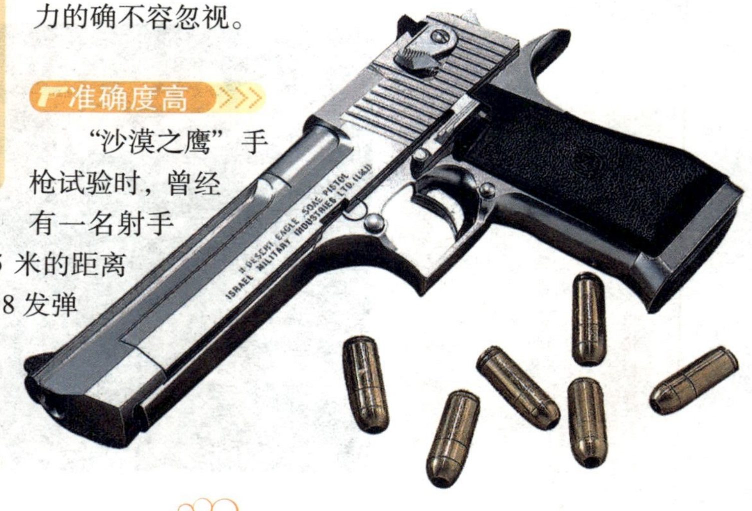

准确度高

“沙漠之鹰”手枪试验时，曾经有一名射手使用“沙漠之鹰”在 15 米的距离外，用 20 秒射完了一个 8 发弹匣。所有子弹的着弹点形成一个 50 毫米的弹孔，可见其准确度之高。

与众不同

“沙漠之鹰”与其他自动手枪不同，它采用导气式开锁原理和枪机回转式闭锁。这是因为它发射的马格南左轮手枪弹的威力太大，一般自动手枪用的刚性闭锁原理根本无法承受。

手枪中的“袖珍炮”

“沙漠之鹰”手枪原作为运动手枪使用，但由于威力强大，很快转到了军警人员手中，获得“袖珍炮”的雅号。据说加长枪管后用于狩猎的“沙漠之鹰”，射程达 200 米，可轻易地把一头麋鹿击倒。

阿诺德·史瓦辛格在电影《最后的动作英雄》中，使用的就是“沙漠之鹰”手枪。

强强联手

以色列马格南研究公司于 1981 年完成了“沙漠之鹰”的第一把原型枪，并于 1982 年公布，引起了社会的广泛关注。后来，马格南研究公司与以色列军事工业公司合作生产这种手枪。“沙漠之鹰”于 1985 年正式出现在美国手枪市场。

No.008

魅力四射——CZ 75 型手枪

捷克和斯洛伐克曾经是一个国家，"CZ"公司是当年捷克斯洛伐克最有名的枪械企业。该公司研制的枪支都印有该厂名的缩写CZ字样，这个品牌在国际武器市场上与当时前苏联的AK、比利时的FN、美国的柯尔特一样具有很好的声誉。

平稳射击

CZ 75 手枪是由约瑟夫与法兰提司克·库斯基两位设计师合作而成。它的滑套与枪身结合滑动导槽较长，且导槽为连续无间断，射击时，较长的导槽能使滑套运行顺畅。因此 CZ 75 在射击时，枪身的平衡感与稳定性都很好。

知识小笔记

武器小档案

类型	自动手枪
生产厂商	捷克斯洛伐克塞司卡·玻耳约佛卡兵工厂
枪长	217 毫米
枪重	0.98 千克
口径	9 毫米
发射方式	单发
弹匣容量	15 发
有效射程	50 米

使用简便

CZ 75 手枪的握把设计以人体工程学为基础，发射机构采用双动原理，使用简便快捷。此外，该枪能够发射多种型号的枪弹，简化了后勤保障及武器对枪弹口径的依赖性。

魅力难挡

CZ 75 手枪推出后，因其射击的稳定性好、保养简易及价格低廉，所以在欧洲的销售状况非常好。但美国却明令禁止进口 CZ 75 手枪，后来美国有 4 家枪厂仿造 CZ 75 手枪。之后，意大利、瑞士也相继开始仿造，这足以说明该枪的魅力。

CZ 85“战斗”

CZ 85 手枪是 CZ 75 手枪的改良型，两者的重量相同。CZ 85 的部件比 CZ 75 多，使用起来更安全。另外，CZ 85 手枪的滑套顶缘刻有棱纹，能增加滑套的强固性。

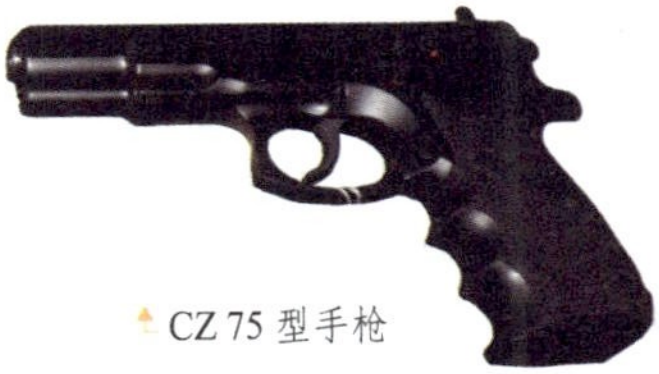

CZ 75 型手枪

CZ 85 型手枪

No.009

情报局“宠儿”——瓦尔特 P99

瓦尔特在 1994 年以 P88 为基础重新设计了一种适合平民自卫或执法人员使用的半自动手枪，并吸收了市场上许多新产品的研究成果。瓦尔特的这种新手枪在 1996 年对外公开，并命名为 P99 自动手枪。

知识小笔记

武器小档案

- 类　　型：自动手枪
- 生产厂商：德国卡尔·瓦尔特武器制造厂
- 枪　　长：180 毫米
- 枪 管 长：102 毫米
- 枪　　重：0.7 千克

智慧的结晶

P99 手枪蕴含了瓦尔特公司设计人员的许多创新性思维及先进技术。枪身首次采用聚合玻璃纤维材料制造，其强度与耐磨性高于钢材。此外，手枪的握把部分设计了 3 种尺寸，可供不同手掌大小的人选择。

聚合物套筒座

P99 手枪的套筒座由聚合物制成，与金属套筒座相比，具有易制造、成本低、强度高、弹性好、韧性强、尺寸规范、不变形、抗腐耐磨、重量轻等优点。

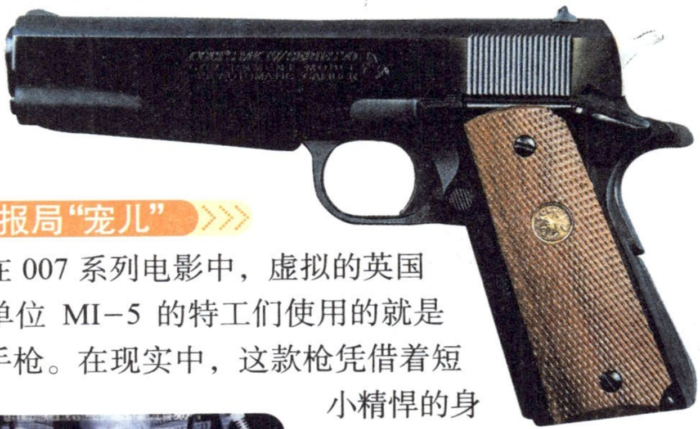

在极限温度、沙尘、泥浆等恶劣的条件下，人们在瓦尔特 P99 手枪装入不同的弹种进行严酷的考核试验，结果显示，各种性能均非常可靠。

情报局“宠儿”

在 007 系列电影中，虚拟的英国情报单位 MI−5 的特工们使用的就是 P99 手枪。在现实中，这款枪凭借着短小精悍的身材和先进可靠的性能，成为了各国情报部门的“宠儿”。

007 系列电影的宣传海报

007 强力推荐

在 1997 年推出的 007 系列电影《明日帝国》中，P99 随詹姆士·邦德首次亮相，替换掉了男主角使用了 30 多年的 PPK 手枪。瓦尔特公司借助这部电影在全球的放映，也达到了为新枪做宣传的目的。

No.010 中国的“盒子炮”——毛瑟手枪

毛瑟手枪是德国毛瑟兵工厂制造的一种手枪，由德国费德勒兄弟研制，它是世界上最早出现的自动手枪之一。毛瑟手枪也就是中国人俗称的“盒子炮”，我国老一辈军人每每谈及毛瑟手枪都津津乐道，赞叹有加。

毛瑟 M1932 经常出现在我国革命题材的电影中

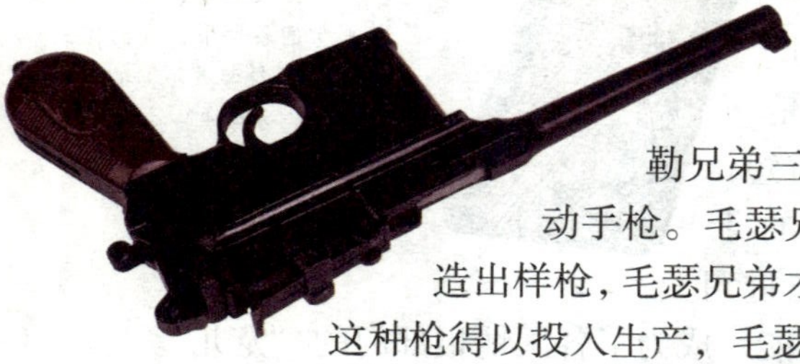

毛瑟M1932 手枪操作灵活，杀伤力很大。电影《铁道游击队》里形容说：“掏出盒子炮来就是一梭子。”

兄弟三人的发明

1871 年，在毛瑟兵工厂工作的费德勒兄弟三人，瞒着毛瑟兄弟开始研制击发式自动手枪。毛瑟兄弟起初并不支持他们，直到他们制造出样枪，毛瑟兄弟才转变了态度。在毛瑟兄弟的组织下，这种枪得以投入生产，毛瑟手枪终于问世。

中国人的毛瑟情结

中国人非常喜爱毛瑟手枪。在战争年代，谁要是背挂一支木盒托的毛瑟“盒子炮”，必定非常惹人注目，因为毛瑟“盒子炮”是一种信得过的随身武器，在战斗中使用非常成功。

知识小笔记

武器小档案

- 类　　型：毛瑟 M1932 自动手枪
- 生产厂商：德国毛瑟兵工厂
- 枪　　长：320 毫米
- 枪　　重：1.13 千克
- 口　　径：7.63 毫米
- 弹匣容量：10/20 发

No.011 世界著名手枪——卢格 P08

卢格 P08 手枪由乔治·卢格研制，主要用途是杀伤近距离目标。德国军队于 1908 年选用这种枪作为正式装备。卢格 P08 是当时最具魅力的半自动手枪，它结构独特、加工精良，可靠性及安全性比同期的手枪好。

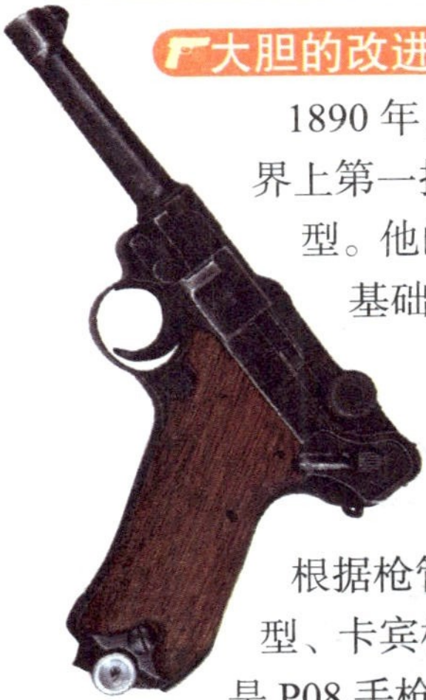

大胆的改进

1890 年，美国人雨果·博查特研制出了世界上第一把自动手枪，也就是卢格手枪的原型。他的助手乔治·卢格在博查特手枪的基础上做了改进，研制出了卢格手枪。

多种变型枪

P08 手枪有多种变型枪，根据口径分为 7.65 毫米和 9 毫米两种；根据枪管长度分为标准型、海军型、炮兵型、卡宾枪型和商用型 5 种。其中，炮兵型是 P08 手枪中的宝中宝，极其珍贵。

知识小笔记

武器小档案

类　　型	自动手枪
生产厂商	德国卢格公司
枪　　长	270 毫米
枪 管 长	102 毫米
枪　　重	0.93 千克
口　　径	9 毫米
弹匣容量	8 发

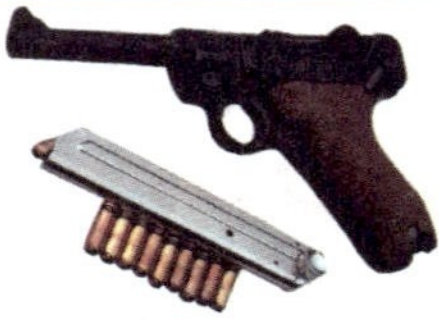

结束使命

P08 手枪造型优雅，生产工艺要求高，零部件较多，成本也较高。1938 年，它被 P38 手枪取代，但生产并未停止，直到 1942 年底才正式结束批量生产。P08 手枪自 1908 年问世，装备德军达 30 多年。

No.012

庞大的家族——陶鲁斯手枪

意大利伯莱塔公司于 1974 年获得了巴西政府的大量订单，为巴西军方和政府生产手枪。后来，伯莱塔将工厂卖给了陶鲁斯。与伯莱塔的交易使陶鲁斯走了捷径，短时间内它的产品目录上出现了多种自动手枪。

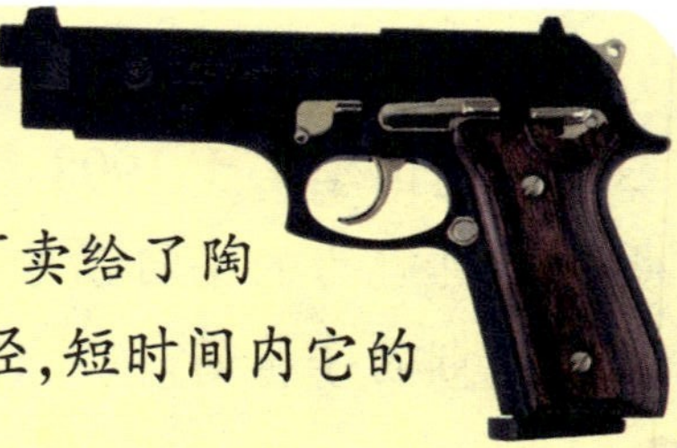

陶鲁斯 945

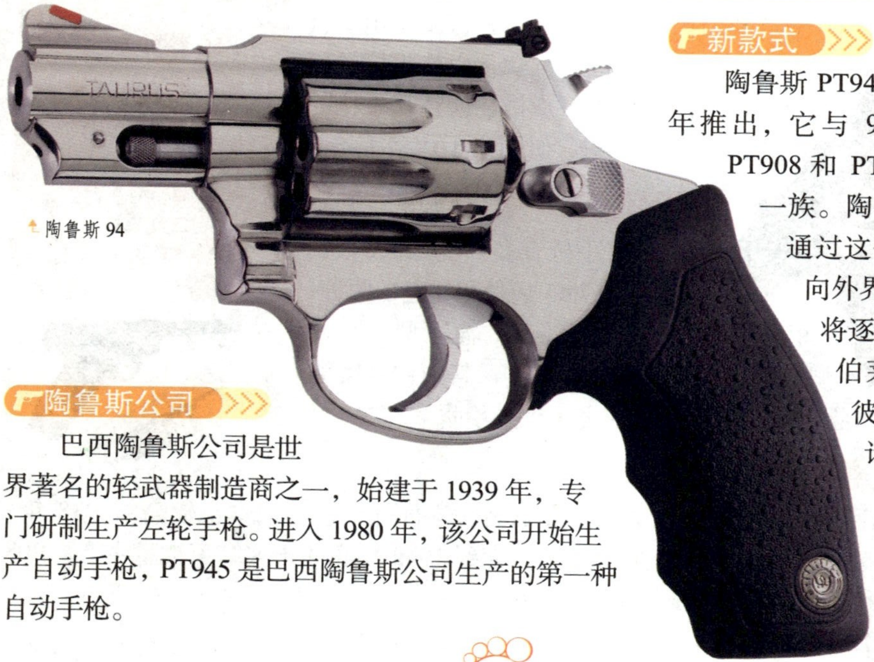

陶鲁斯 94

新款式

陶鲁斯 PT945 于 1995 年推出，它与 9 毫米的 PT908 和 PT940 构成一族。陶鲁斯试图通过这一族产品向外界表示：它将逐步摆脱与伯莱塔不分彼此的设计款式。

陶鲁斯公司

巴西陶鲁斯公司是世界著名的轻武器制造商之一，始建于 1939 年，专门研制生产左轮手枪。进入 1980 年，该公司开始生产自动手枪，PT945 是巴西陶鲁斯公司生产的第一种自动手枪。

陶鲁斯家族成员

陶鲁斯手枪家族的成员包括 PT22、PT25、PT58、M63、M62、B5、94、941 及标准尺寸的王牌 PT92 等。

陶鲁斯 25

陶鲁斯 B5

陶鲁斯 22

一举成名

1982 年，陶鲁斯在美国迈阿密建立了子公司——陶鲁斯国际制造公司。为了提高知名度，陶鲁斯做出了一个颇有冒险性的举动：宣布为客户提供全寿命期保修政策。这项政策对整个枪械行业和市场产生了巨大冲击，陶鲁斯由此广为人知。

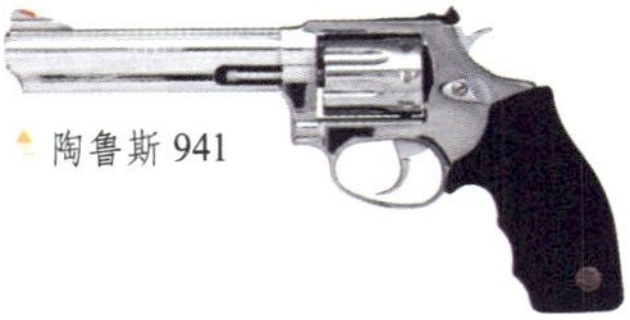
陶鲁斯 941

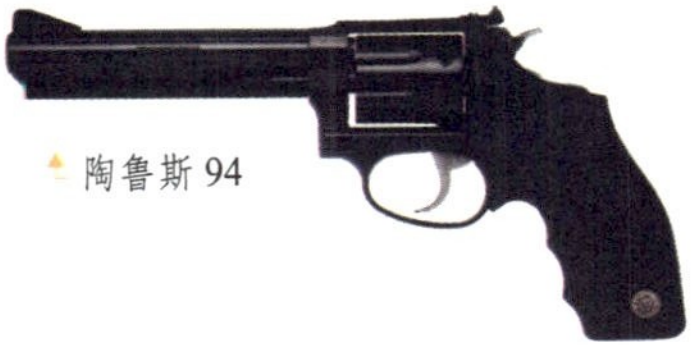
陶鲁斯 94

家族的骄傲

陶鲁斯 PT24/7 手枪全枪长 181 毫米，作为战斗手枪，其尺寸大小堪称完美。PT24/7 手枪作为陶鲁斯公司的最新力作，设计优秀，加工精良，性能可靠，是陶鲁斯家族中一位值得骄傲的新成员。

note 知识小笔记

武器小档案

类　　型：陶鲁斯 P945 自动手枪
生产厂商：巴西陶鲁斯公司
枪　　长：189 毫米
枪 管 长：108 毫米
枪　　重：0.85 千克

No.013 反恐武器——海克勒-寇奇手枪

海克勒-寇奇公司研制的所有手枪都采用不同的闭锁机构，各枪型间的设计完全没有连贯性，它的发展史充满试验性。1979 年，海克勒-寇奇公司应警方反恐怖分子的需求研制出了 P7 手枪。

海克勒-寇奇公司的标志

P9 警用自动手枪

P9 手枪是海克勒-寇奇公司为德国警察研制的一种手枪，于 1972 年开始装备警察部队，主要型号为 9 毫米手枪弹。P9 手枪的一个最大特点是采用海克勒-寇奇公司步枪传统的滚柱式闭锁装置。

知识小笔记

武器小档案

类　型：海克勒-寇奇 P9 自动手枪
生产厂商：美国海克勒-寇奇公司
枪　长：192 毫米
枪管长：102 毫米
枪　重：880 克
口　径：9 毫米
弹匣容量：9 发

并非运动手枪

P9S 是 P9 手枪的一种改进型，命中准确度相当高。P9S 中的“S”很容易令人想到“Sport”（运动），但它并不是专用的运动手枪。其实，“S”代表德语“Spannabzug”，中文意思为“双动扳机”。

P7 手枪

P7 手枪利用发射药产生的高压瓦斯来驱动枪机闭锁，所以它的长度比采用传统闭锁原理的手枪短 3 厘米，而且结构十分整齐。此外，P7 手枪采用了一套独特的保险机构，安全性非常高。

No.014

热销之作——格洛克 17/18 型手枪

格洛克 17 型手枪是奥地利格洛克公司在 20 世纪 80 年代应军方要求研制成功的一种手枪。这种手枪使用了合成材料，结构简单，重量轻，如今已被 50 多个国家的军队和警察使用。其中，仅美国警察装备的格洛克手枪就占总数的 40%。

采用工程塑料

格洛克系列手枪最大的特点是：大量采用工程塑料。格洛克 17 型手枪是世界上采用塑料部件最多的手枪。这不仅使手枪的造价低廉、手感好，而且重量也减轻了很多。

知识小笔记

武器小档案

类　　型：格洛克 18 型全自动手枪
生产厂商：奥地利格洛克有限公司
枪　　长：223 毫米
枪 管 长：114 毫米
枪　　重：0.636 千克
口　　径：9 毫米
弹匣容量：17/19/33 发

聚合塑料的优势

格洛克 17 型手枪采用聚合塑料的优势在于：具有比不锈钢材料更强的耐腐蚀性；整体更坚固可靠，即使被 10 吨重的卡车辗过，也可以正常射击。

格洛克 18 型

格洛克 18 型全自动手枪是格洛克 17 型的改进型，完全继承了格洛克 17 型的诸多优点，还具有自动射击功能，被称为世界上销售数量最多的手枪。

“微型冲锋手枪”

格洛克 18 型如果不松开扳机，能在不到两秒内，自动发射完弹匣内的全部子弹。这种手枪有一个射击选择杆，来进行标准半自动或全自动之间的转换。格洛克 18 型还有一个专用的大容量弹匣，因此被称为“微型冲锋手枪”。

限制销售

格洛克 18 型由于威力较大，所以限制销售，只提供给特种部队、反恐特警组或其他军事单位人员使用。由于采用特殊设计，格洛克 18 型全自动手枪的零件不能与其他格洛克手枪互换。

步　枪

步枪既是步兵使用的基本武器，也是杀伤单个目标的有效武器。它的有效射程为300~400米，通常在200米以内射击效果最好。步枪按照用途可以分为民用步枪、军用步枪、警用步枪、突击步枪、骑枪和狙击步枪。

No.015

东方之王——AK-47 步枪

前苏联著名枪械大师卡拉什尼科夫设计的AK-47突击步枪是20世纪人类武装力量的象征之一，被誉为步枪中的王者。AK-47因性能可靠、使用方便、价格低廉而风靡世界，它对轻武器发展史乃至整个人类的历史，都产生了深远的影响。

适应性强

AK-47最大的特点是能适应非常恶劣的环境，尤其适应风沙泥水的环境。一位英军将领曾这样训导将要上前线的士兵：当你手中的武器出毛病时，最要紧的是扔掉它，并赶快找到一把AK-47！

产量之最

在二战后的一些中、小规模的军事冲突中，AK-47曾被不少国家的军队当作步兵的主战武器而驰骋战场。据美国轻武器专家的统计，AK系列步枪是世界上生产量最多的一种步枪。

品牌的威力

有位轻武器专家说了这么一句俏皮话："美国出口的是可口可乐，日本出口的是索尼，而前苏联出口的是卡拉什尼科夫。"由此可见，AK 步枪对世界的影响有多么大。

卡拉什尼科夫

名字=财产

2002 年，84 岁的卡拉什尼科夫与一家德国公司签署了一份商业合同，授权这家公司使用"卡拉什尼科夫"作为商标。据说当时俄罗斯有关部门专门开会研究，确定"卡拉什尼科夫"这个名字是个人财产还是国家资产。

知识小笔记

武器小档案

类　　型：步枪
生产厂商：前苏联伊热夫斯克机械设计局
枪　　长：870 毫米
枪　　重：4.3 千克
口　　径：7.62 毫米
发射方式：单发/连发
弹匣容量：30 发
有效射程：300 米
初　　速：700 米/秒

果断的抉择

一支美军巡逻小队遭到了袭击，躲到墙后的士兵贝利发现身后的水渠中有一支 AK-47 和一支 M14，他毫不犹豫地拿起 AK-47 还击。事后，他坦率地说："如果要在水沟中选择一把浸泡过的步枪，我只会选择 AK-47。"

No.016

美国的骄傲——M1 加兰德步枪

美国的 M1 加兰德步枪是大批量生产和使用的第一种自动装填步枪。该枪在第二次世界大战中大量成功使用，使美国人感到无比自豪。M1 加兰德步枪在美军中装备了 21 年，直到 1957 年才被替换。

了不起的战斗利器

M1 加兰德步枪的问世，标志着枪机手动式步枪时代的结束，自动步枪时代的到来。第二次世界大战临近结束时，美军著名将军巴顿说：“M1 步枪是曾经出现过的发明中最了不起的战斗利器。”

数量巨大

第二次世界大战期间共交付美军 400 万支 M1 步枪。朝鲜战争爆发后，又生产了 143 万支。截至 1957 年，全世界共生产 M1 步枪约 1 000 万支。

知识小笔记

武器小档案

类　　型：步枪
生产厂商：美国春田兵工厂
枪　　长：1 106 毫米
枪　　重：4.3 千克
口　　径：7.62 毫米
发射方式：单发
弹匣容量：8 发
有效射程：600 米

天才枪械设计师

约翰·C.加兰德于 1919~1953 年在美国春田兵工厂从事武器研究和设计工作，期间他先后设计发明了 54 种步枪。他是一位天才枪械设计师，一生获得多项与 M1 和 M14 步枪有关的专利。

加兰德与他设计的步枪

里程碑之作

M1 加兰德被认为是第二次世界大战中性能最佳的步枪。各种史书和权威杂志对它的评价都很高，《简氏步兵武器年鉴》认为：“M1 加兰德步枪的研制成功是 20 世纪轻武器发展史上的重要里程碑之一”。

先见之明

约翰·C. 加兰德是个有心人。当他受命研发 7 毫米半自动步枪时，秘密地制造了一支 7.62 毫米口径的样枪。由于加兰德的杰出创造和先见之明，使美国陆军在轻武器发展史上，第一次处于领先地位。

1945 年，美国陆军装备的 M1 加兰德步枪。

No.017

民用之秀——M14 自动步枪

第二次世界大战期间，由于战争和美军装备的需要，加兰德和他的同事们对M1 半自动步枪进行了多次改造。1957 年，美国军械部长宣布采用 M1 的改进型 M14 自动步枪。M14 自动步枪替代了当时 4 种服役的步兵武器。

大规模生产

美国春田兵工厂于 1958 年 4 月开始小批量生产 M14 步枪，1959 年进入大规模生产。至 1963 年，M14 在美国生产了 138 万支，共花费 1.3 亿美元。

水土不服

M14 刚刚装备部队便立即在越南战场投入使用。在越南的丛林山区中，M14 的缺点暴露无遗，如射手不容易控制、枪形太长等。因此，在越南战场上的美军迫切需要一种新的步枪取代 M14 步枪。

重新启用

M14 步枪具有精度高和射程远的优点。1969 年，美国军方根据 M14 研制出 M21 狙击步枪，受到军队的欢迎。美军在阿富汗、伊拉克战争中，重新启用了更多配上两脚架和瞄准镜的 M14。

知识小笔记

武器小档案

类　　型：	步枪
生产厂商：	美国春田兵工厂
枪　　长：	1 120 毫米
枪　　重：	5.1 千克
口　　径：	7.62 毫米
发射方式：	单发/连发
弹匣容量：	20 发
有效射程：	700 米

民用型热销

尽管 M14 步枪作为军用步枪不能算成功，但是在民用市场却有很好的销路，多家工厂大量生产民用型 M14 步枪出售。

广泛用途

今天，美军仍封存有至少 170 000 支 M14 作为战略储备。西点军校、安纳波利斯的海军学院、弗吉尼亚州的军事学院等都使用 M14 训练。此外，M14 也经常用作仪仗队和护旗队的礼仪步枪。

开创先河——M16 步枪

M16 是开创小口径化先河的步枪，由洛克希德飞机公司的工程师斯通纳设计，于 20 世纪 60 年代开始装备美军，已经历了 40 多年。在这期间，无论人们对它如何褒贬，仍然经久不衰。

M16A2

M16A3

M16A4

长期使用

除军队外，M16 系列步枪也被许多警察战术分队所采用。在它之后的相当长一段时间，人们没有发现任何一种更适合的步枪能全面取代 M16 系列。据说美军早已决定将 M16 系列步枪至少使用到 2010 年。

1990 年，世界两大枪王卡拉什尼科夫和斯通纳在美国会面。

灵感来源于积木

一天，斯通纳到幼儿园接孩子，他看到孩子们将积木堆积成各种造型。同样的小方木，却可以在孩子们手里变化无穷，他深受启发。经过几年的努力，斯通纳终于在 1963 年试制成功了这种积木式枪，被称为“斯通纳枪族”。

▲ 手持 M16 的美国陆军士兵

战斗利器

小口径的M16步枪从越南战争的烽火中起步，经历了美军入侵格林纳达和巴拿马的行动、海湾战争等。可以说，M16步枪是20世纪60年代以来，美军士兵每一次军事行动必备的战斗利器。

知识小笔记

武器小档案

类　　型	步枪
生产厂商	美国柯尔特公司
枪　　长	1 000 毫米
枪　　重	3.4 千克
口　　径	5.56 毫米
发射方式	单发/连发
弹匣容量	20/30 发
有效射程	400 米

从越南战场起步

虽然美军在越南战场失利，但M16却是在越南战场崭露头角，仅柯尔特公司在这段时间内就生产了350万支M16。1974年，美国陆军采购了270万支M16。

钟情 M16A1

斯通纳一直对M16A1情有独钟，所以对于M16A2的改进一直耿耿于怀。他曾经说，在M16A2的改进过程中，从来没有征求过他的意见，改完后才让他看。他还形容M16A2除了护木以外，其他改动没有任何价值。

No.019

"娇贵公子"——SA80 步枪

两种 5.56 毫米自动武器组成了 SA80，一种是 L85A1 突击步枪，另一种是 L86A1 轻机枪。这两种枪的大多数零部件可以通用，减少了备件的需求。L85A1 式 5.56 毫米突击步枪已作为制式武器装备英国步兵部队、皇家海军和空军。

娇气的名枪

由于 SA80 枪族需要精心保养，因此每支枪都配备了全套多功能维护工具。为了弄清楚这些工具的使用方法，英国士兵不得不经常随身带上工具使用手册。

知识小笔记

武器小档案

类　型：步枪
生产厂商：英国恩菲尔德公司
枪　长：785 毫米
枪管长：518 毫米
枪　重：4.98 千克
口　径：5.56 毫米
发射方式：单发/连发
弹匣容量：30 发
初　速：940 米/秒
理论射速：610~775 发/分

无效的改进

北约组织在 1996 年把 L85A1 从指定的轻武器列表中除名，英国军方高层决定对 SA80 进行改进。改进型 SA80 在 2002 年 2 月开始下发部队，但原来的问题仍然存在，改进根本没起到效果。

失败记录

由于 SA80 存在很多问题，所以沙特阿拉伯订购第一批后没有再订购；在英国，有自行选择武器权利的特种部队也拒绝使用它；其他做过 SA80 枪试验的国家，如荷兰、爱尔兰，都表示这种枪的性能令人失望。

名枪的克星

伊拉克恶劣的气候条件使所有轻武器都出现了故障。多国部队的枪支如果在战前认真擦拭干净，就很少发生故障。然而，SA80 枪即使有了这一擦拭过程，在这里也不能正常工作。

No.020 美国新力作——XM8 步枪

美国武器在和平时期的发展不再领先于世界其他国家，美国人决心研制优秀的单兵武器，XM8 就是在这样的背景下研制成功的。XM8 将取代从越南战争时期开始装备部队至今的 M16 系列步枪。

XM29

XM29 是为“陆地勇士”开发的单兵战斗武器，也是陆军的“未来战斗系统”计划的一个重要组成部分。XM29 系统被分成 2 个子系统分别研制，一个是 XM8 轻型突击步枪，另一个是 XM25 自动榴弹发射器。

美观实用

XM8 虽然很轻，但却非常坚固耐用，服役寿命很长。它是由高强度的聚合物材料制成，不仅坚固，而且可以生产成不同的颜色，有适用于丛林环境的绿色、沙漠环境的黄褐色和城市环境的亚黑色等。

短周期研制成果

2002 年 10 月，美国防部与 ATK 和 HK 防务公司签订了一项 500 万美元的研制合同，由 HK 防务公司负责研制 XM8 轻型突击步枪，所限定的开发周期非常短，仅有 3 年时间。

知识小笔记

武器小档案

类　　型：步枪
生产厂商：美国皮卡汀尼兵工厂
枪　　长：845.8 毫米
枪 管 长：317.5 毫米
空 枪 重：2.9 千克
发射方式：单发/连发
弹匣容量：10/30/100 发
初　　速：916 米/秒

改装变型

XM8 突击步枪生产了 4 种变型，可相互转换。在战场上，使用者可以根据需要在几分钟内变换枪管和其他组件，由一种变型改装成另一种变型。

灵活射击

XM8 使用北约标准的 5.56 毫米子弹，配备 30 发 G36 标准弹匣或 100 发塑料弹匣，可以用最少的润滑油和清洗需求发射 1.5 万~2 万发子弹。士兵可以根据偏好或战场形势，灵活使用左手或右手射击。

No.021

“魔方步枪”——AUG 步枪

AUG 步枪自 1970 年问世以来备受推崇，并凭借先进的技术跻身于世界著名步枪前列，有十几个国家选用它作为制式武器。AUG 具有外观新颖、结构紧凑、操作简单、射击平稳、精度较好、携带方便等优点。

特别创意

AUG 采用了较多的塑料机件，不仅加工容易，不生锈，而且强度特别好。此外，它的后部宽大，既可容纳机件和保养附件，也能放置士兵的日常生活用品。士兵们都很喜欢这个特别创意。

知识小笔记

武器小档案

类　型：步枪
生产厂商：奥地利施泰尔公司
枪　长：790 毫米
枪　重：3.6 千克
口　径：5.56 毫米
发射方式：单发/连发
弹匣容量：30/42 发

“魔方步枪”

AUG 果酱色的外观透出一种柔美，这或许会让人忽视它的刚烈。女兵们喜欢使用它，是因为它很轻，射击时感觉非常舒服，而且能很快掌握射击要领。男兵们更喜欢它，称它为“魔方步枪”。

美中不足

AUG 是一种结构紧凑、携带方便的步枪，它被沙特、阿曼军队用于 1991 年的海湾战争，经受了实战的考验。但美中不足的是，AUG 单发后可能造成弹丸偏离目标，而且在风沙、严寒等恶劣环境中，更容易发生故障。

AUG-A1

AUG-A1 是 AUG 的标准型，枪管长 508 毫米，它是奥地利陆军及其他装备 AUG 国家的大多数士兵所配备的步枪。

AUG-A2

改进型 AUG-A2 保持了 AUG 的主要优点，突出的改进是机匣和瞄具可分离，机匣左侧增加了可折叠的滑板，以减少枪落地摔裂的危险。

▸AUG 采用较多的耐冲击塑料件，不仅加工容易，不生锈，而且强度特别好。如双排压弹的塑料弹匣强度惊人，用两吨重卡车来回滚压，它也不会破碎。

No.022

精确射击——M40 狙击步枪

M40 是一种射击很精确的武器，美国人认为它是现代狙击步枪的先驱，在 1966 年越南战争中开始装备美国海军陆战队。M40 有 3 种改进型，分别是 1977 年的 M40A1、1980 年的 M40A1 及 2001 年的 M40A3。

“最佳狙击步枪”

M40 步枪的狙击记录使海军陆战队的步枪手名声大噪，一部分狙击手认为 M40 是“最佳狙击步枪”，只要使用相匹配的弹药，M40 步枪就能完全胜任各种艰巨的任务。

知识小笔记

武器小档案

类型	步枪
生产国	美国
枪长	1 124 毫米
枪管长	610 毫米
枪重	5.44 千克
口径	7.62 毫米
发射方式	单发、连发
弹匣容量	5 发
有效射程	915 米

缺点暴露

M40 步枪在越南露面不久，缺点就暴露出来。越南气候炎热、湿度高，在这种条件下作战，需要特别注意保护其木质枪托，要经常清理枪管导槽，刮掉膨胀的木质，给枪托灌蜡密封，以减少木质枪托膨胀或收缩。

M40A1 步枪

M40A1 被称为冷战“绿色枪王”，它是美国海军陆战队于 1977 年对 M40 步枪进行的改进型。M40A1 在原枪机的基础上重新设计了枪管和枪托，枪管换成了不锈钢材料，容易受潮的木质枪托也被玻璃纤维枪托所代替。

M40A3 步枪

1996 年，美国海军陆战队开始为现役的 527 支 M40A1 寻求替代品，设计新的狙击步枪，这个方案的结果就产生了 M40A3。M40A3 的枪机和枪托都有一定改进，提高了射手射击时的舒适度，并于 2000 年开始在美国海军陆战队服役。

挑剔的“朋友”——SVD狙击步枪

SVD是由德拉贡诺夫设计的狙击步枪。它实际上是 AK-47 突击步枪的放大版本，自动发射原理与AK-47 系列完全相同，但结构更为简单。SVD 于 1967 年开始装备部队，现仍在俄罗斯、埃及、南斯拉夫、罗马尼亚等国服役。

需要专业狙击手

装备 SVD 的士兵需要接受针对该武器的专门训练。在第一次车臣战争中，俄军没有经过专门训练的 SVD 狙击手，于是让特别行动小组的特等射手来使用它们。然而，这些射手在战斗中的表现并不出色。

知识小笔记

武器小档案

类　　型：步枪
生 产 国：俄罗斯
枪　　长：1 220 毫米
枪 管 长：620 毫米
枪　　重：4.3 千克
弹匣容量：10 发
最大射程：3 800 米
初　　速：830 米/秒
枪口动能：3 303 焦耳

士兵的朋友

SVD 步枪就像士兵们的朋友，他们小心地“呵护”着这位朋友，经常对它进行保养、清理。SVD 的瞄准具可以快速瞄准射击，或使用机械瞄准具进行近距离射击。

工艺精湛

SVD 的制造工艺比较复杂，重量很轻，但在同级狙击枪中精度相当高。曾经有一名美国陆军狙击手这样说：“在今天的术语中，SVD 不算是一种真正意义上的狙击步枪，但它被设计、制造得出奇地好，是一种极好的延伸射程的班组武器。”

德拉贡诺夫

德拉贡诺夫

德拉贡诺夫于 1920 年出生在伊热夫斯克这个以制造轻武器而著名的城市，他曾在大学学习机械加工技术，并且酷爱射击运动。后来，德拉贡诺夫到武器设计局工作，设计出了著名的 SVD 狙击步枪。

火　炮

火炮就像一种放大的枪，它以火药为能源发射弹丸，是炮兵装备的重要组成部分，有“战争之神”的美誉。火炮诞生几百年来，统治了整个地面战场，是克敌制胜的重要武器。

No.024

"帕拉丁"——M109A6 式自行榴弹炮

"帕拉丁"M109A6 式自行榴弹炮于 1994 年第一次装备部队，现已在美国和以色列陆军中服役。它将与 M777 轻型 155 毫米榴弹炮、M270A1 式多管火箭炮和"海马斯"高机动性火箭炮系统一起构成美军主力野战炮兵系统。

防护能力强

"帕拉丁"的乘员在执行任务时全部留在车内。车上的核、生、化战争防护系统能为每位乘员提供独立保护，并可通过独立乘员防护系统输送冷热空气来调节舱室温度。炮塔内还安装有弹片抑制衬层，能有效提高炮塔的防护能力。

技术先进

"帕拉丁"充分利用了信息化技术，采用先进火力支援指挥与控制系统。炮上的计算机系统不仅可以接收并处理大量外部信息，而且能自动计算出精确的射击参数，并自动选择击毁目标的弹种、用弹量等。

独立作战

“帕拉丁”可在无外部技术协助的情况下独立作战。乘员可通过保密语音和数字通讯系统接收任务数据，自动将炮解锁，指向目标并发射，然后移至新位置。

迅速转移

“帕拉丁”装备有车载全球定位导航系统，提高了火炮机动的准确性。它从行军状态到发射完第一发炮弹用时不超过 1 分钟，然后立即转移到 300 米外的安全地点继续战斗。

知识小笔记

武器小档案

类　　型：自行榴弹炮
生产厂商：美国联合防务公司
炮　　长：9.75 米
炮　　宽：3.15 米
炮　　高：3.24 米
战斗全重：28.9 吨
速　　度：64 千米/小时
最大行程：343 千米
普通弹药射程：24 千米
增程弹射程：30 千米
最大射速：8 发/分
持续射速：3 发/分
乘　　员：4 名

No.025

“十字军战士”——XM2001 自行榴弹炮

“十字军战士”自行榴弹炮系统是美国原来打算代替现役的“帕拉丁”火炮的新武器系统。按照设计，“十字军战士”应该是世界上性能最好的火炮，具有 24 小时全地形、全天候作战能力。

新技术发挥大作用

“十字军战士” XM2001 自行榴弹炮系统，通过采用和集成先进技术，可显著提高炮兵的生存能力、杀伤力、机动性以及作战能力与效能。

XM2001 自行榴弹炮火力威猛，是名副其实的“战神”。

完美的供弹系统

“十字军战士”的供弹系统由自行榴弹炮和供弹车组成，采用相同的底盘，自行榴弹炮和补给车通过战术火力控制系统联为一体。炮和车采用最新的车载式网络化信息处理技术，具备自动化火力控制与指挥控制能力。

威力游侠

“十字军战士”在接到命令之后的 15 秒后开始射击，60 秒内可以发射 10 发炮弹，90 秒后转移到 750 米外的新阵地，再过 30 秒开始新的射击。仅 3 辆“十字军战士”就可以在 20 分钟内实施 180 发炮弹的攻击。

知识小笔记

武器小档案

类　　型：自行榴弹炮
生产厂商：美国联合防务公司装甲系统分部
最大射程：40~50 千米
最大射速：10~12 发/分
携 弹 量：60 发
自动化弹药再装填：5发/分
自动化燃料再供给：132~190 升/分
最大行程：405~450 千米
乘　　员：3 名

兵贵神速

“十字军战士”的行驶速度非常快，可以追得上 M1 主战坦克和 M2 步兵战车。这一点在瞬息万变的战场上非常可贵。

No.026

“勇敢的心”——AS90 式自行榴弹炮

英国现役的主力自行火炮AS90自行榴弹炮，于1992年开始装备部队。在伊拉克战争中，英军部队由于多次得到AS90式自行火炮的火力支援，因而加快了进攻速度。英军前线总指挥把AS90列为驻伊英军的五大决定性装备之一。AS90也成为第一种有战争经历的新型自行火炮。

问世背景

研制 AS90 自行榴弹炮是为了替换“阿伯特”105 毫米榴弹炮和老式的 M109 自行火炮。英国政府在打算和德国、意大利联合研制 SP70 的计划失败之后，决定让英国宇航公司来研制 AS90。

伊拉克战争期间，AS90 式自行榴弹炮在巴士拉附近整装待命。

知识小笔记

武器小档案

类　　型：牵引榴弹炮
生产厂商：英国宇航公司
战斗全重：46.3 吨
最大初速：827 米/秒
最大射速：6 发/分
持续射速：2 发/分
最大射程：32 千米
增程弹射程：30 千米
最大速度：55 千米/时
最大越壕宽：2.8 米
爬 坡 度：31°
炮班人数：5 名

创造奇迹

AS90 的炮塔上部涂有专门的隔热层——能反射太阳光的金属漆，可防止金属发烫。因此，它能在沙漠等极其恶劣的环境下作战。此外，AS90 的火炮管身经过精心制造，可以发射超过 5 000 发的炮弹，创造了火炮寿命的奇迹。

大显身手

2003 年 3 月 30 日，英国军队在围攻伊拉克南部城市巴士拉的军事行动中，使用 AS90 自行榴弹炮摧毁了 21 辆伊军坦克和装甲车，而且是在没有空军掩护下直接进行的近距离打击。

英军的 M3 架桥坦克配合 AS90 自行榴弹炮渡过幼发拉底河

冲击先锋

20 世纪 80 年代，国际上涌起了大规模研究新型自行火炮的热潮，这使美国自行火炮主宰西方军火市场的状况受到强烈冲击。英国研制的 AS90 式自行火炮不经意间成为冲击美国自行火炮主宰市场的先锋。

No.027

最轻的火炮——M224 型迫击炮

于 1978 年研制定性的 M224 型迫击炮，是一种 60 毫米口径的轻型迫击炮，1979 年开始装备部队。该炮专供步兵连、空中突击连和空降兵连使用，是目前世界上装备最轻的一种火炮。

最轻的火炮

M224 型迫击炮没有炮架，采用小矩形座架，全炮仅重 7.8 千克。这种轻便的迫击炮不仅可由一个人携带使用，而且还具有两种发射方式。

知识小笔记

武器小档案

类　　型：	迫击炮
生 产 国：	美国
炮　　长：	1.18 米
口　　径：	60 毫米
战斗全重：	20.8 千克
弹　　重：	1.7 千克
最大射程：	3 500 米
最高射速：	30 发/分
发射弹种：	高爆弹、照明弹、烟幕弹等

精致小炮

M224 式 60 毫米迫击炮是根据 81 毫米中型迫击炮的战斗经验研制而成的。炮身由高强度合金钢制造，外部刻有螺纹状散热圈，2 人便可携带和操作。同时，该炮还配备激光测距仪和迫击炮计算器，因此具有射程远、精度高的特点。

由于配有 AN/GVS5 激光测距仪，大大提高了命中精度。

深受欢迎

M224 型迫击炮由炮身、炮架、座板、瞄准具 4 部分组成，它不仅具有炮身轻巧、携带方便、配用弹种多、发射精准等优点，而且十分适合在山地、丛林等复杂的环境中使用，所以深受军队的欢迎。

迫击炮趣闻

迫击炮是二战中最受前苏联军队指挥员宠爱的武器。这是因为它们是最容易得到的装备，而且操作简便、价格便宜，容易维护、保养。士兵们只需要花费几分钟的时间就能学会如何使用它们。此外，它们在任何情况下，都能以最快的速度投入战斗，向敌人发射炮弹。

“火神”——M163 式高射炮

“火神”M163 式自行高炮(也译作“伏尔康”自行高炮)于 1968 年 8 月研制成功，并开始装备美军。该炮主要用于掩护前沿部队，攻击低空飞机和武装直升机，也可以用来攻击地面轻型装甲目标。

- 圆形火控雷达天线位于火炮右侧
- 6 管转管式身管，通常配备圆形炮口箍。

性能特点

“火神” M163 射速高、火力密度大，可形成密集杀伤区域，能攻击多批目标，还可保证较高的射击精度。同时，该炮射击方式灵活，操作方便，不受电子干扰。令人遗憾的是，M163 的射程较近，威力不足，早期型号不具备全天候的作战能力。

海湾战争中，美军机械化部队和装甲部队装备了这种高炮，主要用于掩护前方地域部队空中安全。

多国装备

至 20 世纪 80 年代初期，美军共装备了 379 辆 M163 式自行高射炮。此外，以色列、韩国、摩洛哥、苏丹、突尼斯、也门、厄瓜多尔、泰国和菲律宾等国家也装备了该炮，至今仍在一些国家中继续服役。

知识小笔记

武器小档案

类　　型	自行高射炮
生 产 国	美国
炮　　长	1.18 米
口　　径	20 毫米
战斗全重	12.31 吨
装甲厚度	12~38 毫米
有效射程	1 650 米
理论射速	3 000 发/分
携 弹 量	2 100 发
乘　　员	4 名

发展变型炮

美国对 M163 式自行高射炮作了改进，发展成几种变型炮，即自动跟踪式“火神”、产品改进式“火神”和火控系统改进式“火神”高射炮等。其中，自动跟踪式“火神”高射炮主要改进了雷达。

高射炮的分类

高射炮的分类标准不同，根据武器构造的不同，可分为自动高射炮和半自动高射炮；根据机动方式的不同，可分为牵引式高射炮和自行式高射炮；根据口径的不同，则可以分为小口径、中口径和大口径高射炮。

“坦克杀手”——88 毫米高射炮

德国的 88 毫米高射炮称得上是二战时期最著名、最具有传奇性色彩的火炮。虽然它是一种非常成功的中口径高射炮，但它最为人们津津乐道的却是无与伦比的反坦克能力。战争中，除了德国之外，88 毫米系列高射炮还被多个国家装备。

超级坦克杀手

88 毫米高射炮首次亮相是在西班牙内战期间。它以快射速和高准确率向人们证明，它不仅是出色的高射炮，也是令人畏惧的“坦克杀手”。第二次世界大战中，88 毫米高射炮能在超过 1 000 米的距离击碎任何盟军的坦克，再次展示了“坦克杀手”的风采。

88 毫米系列高射炮唯一的缺点是它的高度和重量，这使得它在战斗中的生存更多的是依赖它的火力和射程而不是良好的隐蔽。

最长的手臂

在第二次世界大战的战场上，德军在准备迎接英国的一次进攻前，德国名将隆美尔对他的军官说：“沙漠作战可以形象地比喻成海上作战。谁拥有最大射程的武器，谁就有最长的手臂。我们现在就有这种最长的手臂——88 毫米高射炮。”

隆美尔的王牌

1940 年 5 月，隆美尔指挥的第七坦克师从比利时境内向敦克尔克高速挺进途中，遭遇到一支英军的反击。关键时刻，一个高炮连的 88 毫米高射炮眨眼间击毁了英军 9 辆坦克，迫使英军后撤。从此，88 毫米高射炮成为隆美尔一张得心应手的反坦克王牌。

隆美尔

知识小笔记

武器小档案

类　　型	自行高射炮
生产厂商	德国克虏伯公司
口　　径	88 毫米
战斗全重	5.5 吨
射　　高	7 925 米
射　　速	15~25 发/分
乘　　员	9 名

不可思议的威力

一位曾与 88 毫米高射炮交过手的英军坦克指挥官闷闷不乐地说：“它看上去并不怎么样，但就是没有什么东西能够对付它。”而另一位被俘英军军官则愤怒地说：“这不公平，竟然用防空大炮来对付坦克！”

No.030

“钢雨”——M270 式火箭炮

“钢雨”M270 式多管火箭炮是当今世界上最先进的火箭炮之一，也是美国陆军现役最先进的多管自行火箭炮。它由美国陆军牵头，美、英、法、德、意多国参与研制，于 1981 年研制成功，现已作为制式武器装备北约部队。

自动化

M270 式火箭炮由发射车、发射箱、火控系统和供弹车 4 部分组成。它的发射箱无须进行日常维护保养，可使用 10 年之久。遥控发射装置可以使炮手在离火炮很远的位置上发射。车载火控系统与定位系统相结合，大大提高了 M270 的独立作战能力。

知识小笔记

武器小档案

类　型	多管火箭炮
生产国	美国
战斗全重	22.8 吨
越野速度	48 千米/时
最大行程	483 千米
最大爬坡度	30°
越壕宽	2.54 米
乘　员	3 名

应运而生

20 世纪 70 年代以前，自行火箭炮一般配置在后方作为“全职支援武器”，对装甲化的要求不高。20 世纪 80 年代初，很多国家认识到，自行火箭炮在常规战争中发挥着不可替代的作用。因此，出现了新型 M270 自行火箭炮。

无情“钢雨”

M270 式多管火箭炮具有射程远、威力大、反应速度快和自动化程度高等特点。在海湾战争中，共有 201 门 M270 式火箭炮投入使用，它能将 1 平方千米内的生命完全摧毁。因此，战场上有“不怕战斧怕钢雨”之说。

“天女散花”

M270 火箭炮的威力几乎全集中在子弹上。M270 发射 M26 弹时，一次可以打出 7 726 枚子弹，像“天女散花”一样撒落到 6 个足球场大小的面积上，那里顿时化为一片火海。

▸火箭弹是靠自身发动机的燃烧提供动力飞行，射程较远。

“逊陶罗”——8×8 轮式反坦克炮

No.031

“逊陶罗”8×8轮式自行反坦克炮是意大利陆军20世纪90年代战车装备计划中的车型，由意大利自行研制和生产。它主要装备装甲部队和机械化部队，目的是提高部队快速部署能力和战略机动能力。

结构布局

“逊陶罗”的车体和炮塔均为装甲钢焊接结构，可防 12.7 毫米枪弹攻击。炮塔是由奥托·梅拉拉公司进行组装和试验，安装在车体顶端靠后的部位。车长的位置在炮塔内左侧，右侧是炮长的位置，炮长后面是装填手的位置。

数字化

“逊陶罗”采用了先进的火控系统。数字式弹道计算机进行所有与火控有关的计算，并且控制和管理光学瞄准镜、激光测距仪及各传感器和内部检测设备。同时，还可以使系统在出现错误时，从一般状态转到后备状态。

与众不同的轮胎

“逊陶罗”的轮胎与其他火炮不同，具有泄气保用性能，并配备有中央轮胎充放气系统。当其中 4 个轮胎遭到破坏后，其余 4 个轮胎仍能保证车辆的正常运行。

“乐天”号

1916 年，第一批坦克投入战场后，在各国军队中引起极大的震动，他们纷纷研究自己的坦克和各种反坦克武器。不久，法国就制造出了世界上第一种反坦克炮，命名为“乐天”号。

知识小笔记

武器小档案

类　　型：自行高射炮
生产厂商：意大利伊维科·菲亚特公司
车　　宽：3.050 米
车　　高：2.710 米
战斗全重：25 吨
最大公路行驶速度：105 千米/时
最大行程：800 千米
乘　　员：3 名

No.032 长寿武器——M61A1 航炮

航炮是指安装在军用飞机上的 20 毫米以上口径的机关炮。“火神”M61A1 航炮是美国通用动力公司为美国空军研制的一种机载航炮，它是在理查德·加特林发明的转管炮技术的基础上研制而成的，具有射速高、可靠性好的特点。

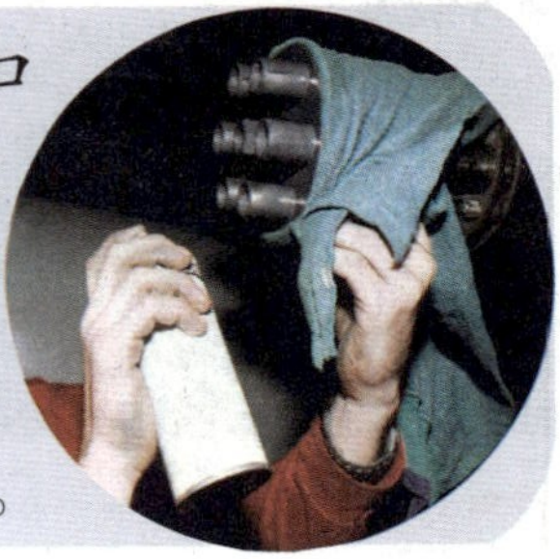

航炮分类

航炮主要用于空战、对地攻击。按照结构分为：单管式、转膛式和多管旋转式。简单来说，单管式结构原理近似于自动步枪；转膛式结构原理近似于左轮手枪；多管旋转式结构原理近似于加特林机枪。

致命的速度

M61A1 航炮一般使用弹链供弹，虽然经过长时间的发展后极为可靠，但是在每分钟 6 000 发的高射速下，弹链成为了最脆弱的一环。弹链在高速拉扯下，连接处很容易变形、弯折甚至断裂，造成航炮卡壳。

厉害的武器

在第二次世界大战中，航炮发挥了重要作用。一位飞行员驾驶着装载有航炮的飞机，击落敌机 352 架，这个数字足以让我们感受到航炮的厉害。

知识小笔记

武器小档案

类　　型：	航炮
生产厂商：	美国通用动力公司
炮　　长：	1.875 米
口　　径：	20 毫米
重　　量：	120 千克
炮口初速：	1 036 米/秒
射　　速：	6 000 发/分

长寿的航炮

M61A1 航炮在炮管旋转的同时，每根炮管都处于不同的发射阶段，整门炮的射速是 6 个炮管射速的总和。因此，在相同射击次数下，M61A1 的身管寿命是单管炮的 6 倍。

No.033 临危受命——MK45 型 127 毫米舰炮

舰炮是安装在海军舰艇上的火炮，主要用于射击海上、岸上和空中目标。MK45 型 127 毫米舰炮是美国海军大、中型水面舰艇上的标准装备。在 40 多年的服役期间，它经历了多次技术改进。

挑战导弹

20 世纪 50 年代，由于导弹威力大、命中精度高、作战距离远而成为世界主要的舰载武器。相比之下，舰炮因在作战中暴露出诸多不足而遭受冷落。在这样的背景下，美国开始在 MK42 型舰炮的基础上研制 MK45 型舰炮。

扬长避短

因为 MK42 型舰炮存在笨重、自动化程度低、可靠性低等缺点，所以在设计 MK45 型时，重点是减轻重量、提高可靠性、易于维修、减少操作人员。研制成功的 MK45 型舰炮重量仅有 22.5 吨，操作人员减少到 6 名，简化了结构。

知识小笔记

武器小档案

类型：	舰炮
生产国：	美国
炮重：	22 吨
口径：	127 毫米
初速：	807 米/秒
弹丸重：	31.75 千克
射程：	23 千米（对海），15 千米（对空）
乘员：	6 名

现代舰炮

现代舰炮基本都具有高射和平射两种战斗性能，而且大多都配备了雷达、指挥仪等先进设备，使舰炮朝着轻型自动化、高射速以及大威力和远射程的方向发展。

Mode4 型舰炮

MK45 最新型号 Mode4 型舰炮炮管长度从原来的 54 倍加长至 62 倍，部分结构改由更坚固的材料制造。为减小雷达反射面积，炮塔进行了隐身设计，整个炮塔外形棱角分明，隐身性能有较大改善。

坦　克

坦克在炮声隆隆的战场上口吐火舌、横冲直撞、左冲右突的场面留给我们的印象非常深刻。它在第一次世界大战中初露锋芒，第二次世界大战中称雄战场。这种集火力、机动、防护力于一身的现代化兵器，在战争中获得了“陆战之王”的美称。

No.034

坦克的鼻祖——“马克”Ⅰ型坦克

“马克”Ⅰ型坦克是人类历史上第一种投入实战的坦克。“马克”的出现，改变了血肉横飞的战争模式，将第一次世界大战中传统的阵地壕沟战变成了无聊的游戏，也将人类彻底带入了一个机械化战争的时代。

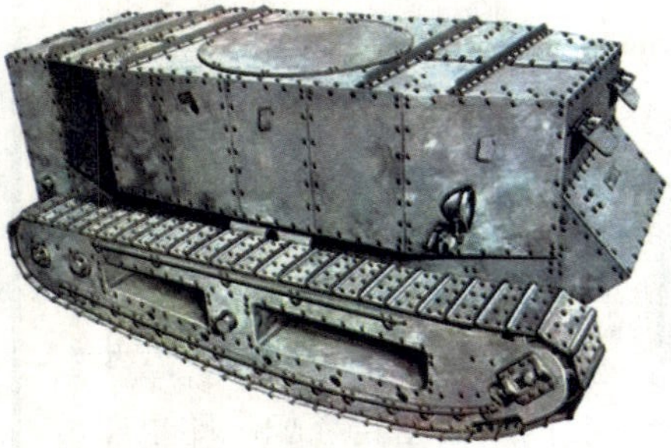

记者的发明

第一次世界大战期间，英军新闻记者斯文顿目睹了英法联军被德军严密火力大量杀伤的惨状。于是，他设想在拖拉机上安装钢甲和枪炮，使之成为能够跨越堑壕、不怕枪弹的进攻型战斗车辆。这个创意导致了“马克”Ⅰ型坦克的问世。

名字起源

“马克”Ⅰ型坦克研制的最后阶段，斯文顿说服了陆军部与海军部共同进行研制。当时为了保密，战车零部件的箱子上都写着“TANK”（意为“水柜”，音译“坦克”），后来“坦克”的名字沿用至今。

拖拉机变坦克

早期的坦克就是在美国产的“布劳克”拖拉机上加装一对加长的拖拉机履带，把锅炉钢板钉在角铁架上，做成一个长方形的箱子，然后把箱子安装在拖拉机上，这样就做成了坦克。

索姆河大显神威

在 1916 年的索姆河战役中，英军的 32 辆“马克”I 型坦克以每小时 6 千米的速度向铁丝、堑壕密布的德军阵地开进，并向因恐慌而四散逃命的德军士兵喷吐着火舌，很快就突破了德军防线。

达·芬奇的龟形“坦克”

大师手笔

世界上第一辆比较像坦克的战车，出自意大利文艺复兴时期著名的画家达·芬奇之手。他在古罗马的一种塔式战车基础上改良出龟形“坦克”。

知识小笔记

武器小档案

类　　型	坦克
生 产 国	英国
车　　长	9.91 米
车　　宽	4.19 米
车　　高	2.44 米
车　　重	28.45 吨
装甲厚度	60~120 毫米
乘　　员	8 名

“雷诺”——FT-17轻型坦克

法国是继英国之后世界上第二个研制坦克的国家。1917年9月，法国研制的首批坦克开出了厂门，并正式定名为“雷诺”FT-17轻型坦克。这种坦克成为坦克发展史上一个重要的里程碑，确立了坦克的基本形态，为坦克的顺利发展开辟了道路。

第一种旋转炮塔

“雷诺”FT-17是由法国路易·雷诺于1917年发明的，它是世界上第一种与现代坦克相似，并具有360°可旋转炮塔和弹性悬挂装置的坦克。同时，它也是当时世界上性能最好的坦克。

协同作战

“雷诺”FT-17参加的第一次战斗是1918年5月31日的雷斯森林防御战。这次战斗中，法军出动了21辆“雷诺”坦克，用作支援步兵作战，取得了很好的战绩。

知识小笔记

武器小档案

类　　型：轻型坦克
生产厂商：法国雷诺公司
车　　重：6.5 吨
最大速度：8 千米/时
最大行程：35 千米
武　　器：8 毫米机枪或 37 毫米短身管炮
乘　　员：2 名

全球瞩目

“雷诺”FT-17 后来被 20 多个国家购买，至第一次世界大战结束时，共生产了 3 187 辆，成为当时世界上装备数量与装备国家最多的坦克。我国也曾引进一批“雷诺”坦克，并在抗日战争中使用。

旋转式炮塔

“雷诺”FT-17 坦克之所以如此受青睐，主要是因为它采用了旋转式炮塔。旋转式炮塔使坦克的作战威力大增，并成为以后坦克设计的标准。甚至有人认为，如果没有旋转式炮塔，坦克很可能早被淘汰出兵器大家族了。

No.036

“黑豹”——PzKpfw V 中型坦克

“黑豹”PzKpfw V 中型坦克在第二次世界大战的德军坦克中名气很大，它和前苏联的T–34 中型坦克被认为是二战中最好的中型坦克。“黑豹”于 1943 年在前苏联的库尔斯克参加首次战斗。

典型战例

1944 年 2 月 7 日，德军试图冲出苏军优势兵力形成的包围圈，库特·舒玛彻少尉指挥 2 辆 PzKpfw V 型坦克摧毁了苏军 8 辆 T–34 坦克。第二天，舒玛彻单独和苏军坦克连作战。两次战斗中，“黑豹”共摧毁了 21 辆苏军坦克。

“黑豹”坦克是德国二战后期的成功作品，因此受到格外重视，在后期德国坦克生产中平均产量最高，D、A、G 三中型号达到了 6 042 辆。

知识小笔记

武器小档案

类　　型	中型坦克
生产厂商	德国曼恩公司
车　　长	8.86 米
车　　宽	3.4 米
车　　高	2.98 米
战斗全重	44 吨
最大速度	46 千米/时
最大行程	200 千米
装甲厚度	60~80 毫米
爬 坡 度	30°
越 壕 宽	2.45 米
涉 水 深	1.8 米
乘　　员	5 名

备受好评

从 1937 年 10 月到 1945 年 3 月，德国共制造了 8 600 辆 PzKpfw V 型系列坦克。该坦克在所有的战线都投入了战斗，不仅德军十分喜欢它，就连盟军都给予了它很高的评价。

可怕战绩

“黑豹”自从 1943 年第一次使用在库尔斯克会战中，一直发挥着巨大的作用。著名的德国坦克杀手巴克曼，曾经带领自己坦克连中的 9 辆坦克一举击毁了 40 多辆 T－34 坦克，而自己的部队却未损伤一分一毫。

“猎豹”坦克歼击车

“黑豹”坦克也有不少变型车，有指挥坦克、观察坦克，坦克歼击车、火箭发射车以及自行高射炮等。其中，最成功的莫过于“猎豹”坦克歼击车。它是二战中最优秀的坦克歼击车，但是生产数量很少。

“猎豹”坦克歼击车

家族精品——“虎”1坦克

“虎”1坦克是PzKpfw V“黑豹”中型坦克的后继车型，所以它的全称是PzKpfw Ⅵ“虎”1重型坦克。它有着结实的装甲和强大的火力。尽管“虎”1坦克只生产了1355辆，但它在二战中的出色表现却是同时期其他坦克无法企及的。

“虎”1坦克是一种典型的旋转炮塔式坦克，炮塔扁平，采用液压驱动，转速很慢，一旦发动机停转，就只能采取手动转向。

“虎”的威慑

1944年7月，一辆德军的“虎”式坦克在3 900米的距离摧毁了一辆T-34坦克，可见其火力之猛。“虎”式坦克对盟军的坦克手来说具有很大的心理威慑，连美军M4“谢尔曼”坦克也害怕与它遭遇。

坦克中的精品

“虎”1坦克的制造工艺非常精湛，堪称坦克中的精品。它的所有部件都坚固而密合，且钢板焊接紧密，外表光滑，连英国将军蒙哥马利也对缴获的“虎”1坦克赞不绝口。既然有如此好的工艺作保证，性能自然也非常优越。

大发“虎”威

1945 年 1 月，一辆“虎”1 坦克拖住了美国第三装甲师一个小时，并且在身中 47 发炮弹的情况下，摧毁了美军 17 辆“谢尔曼”坦克和 8 辆被盟军称为“驯虎师”的 M26“潘兴”坦克。战后，美军师长咬牙切齿地说：“那个东西干掉我一个连！”

强大的研发能力

“虎”1 坦克是德国在第二次世界大战期间为对付前苏联 T−34/85 中型坦克而研制的。在短时间内可以制造出如此优秀的武器，这足以证明德国强大的工业基础和研发能力。

知识小笔记

武器小档案

类　　型	重型坦克
生产厂商	德国亨舍尔公司
车　　长	8.45 米
车　　宽	3.7 米
车　　高	2.93 米
战斗全重	56 吨
最大速度	38 千米/时
最大行程	140 千米
装甲厚度	25~110 毫米
乘　　员	5 名

No.038

二战中最好的坦克——T-34 坦克

第二次世界大战期间，总体设计最优秀的 T-34 坦克，拥有出色的防弹外形、强大的火力和无与伦比的可靠性。它也是前苏联唯一可以有效对抗德国装甲兵的坦克。

重要角色

T-34 在坦克发展史上占有重要的地位，为现代坦克的设计思想打下了基础。第二次世界大战中，各型 T-34 生产总量超过 50 000 辆，远远超过所有德国坦克的总和。

库尔斯克战役

1943 年，在苏德战争中，苏军为打败德军大规模进攻，在库尔斯克实施了一次防御战役。虽然苏军的 T-34 坦克在火力和装甲防御能力上比德国的“虎”1 和“黑豹”稍弱，但苏军的坦克兵从德军的后侧发起攻击，最终取得了战役的胜利。

T-34 危机

T-34/76 于 1941 年 6 月 22 日在白俄罗斯格罗德诺首次参战，在此后一系列战斗中，德军竟找不到可以与之抗衡的坦克，被迫推出更新型的坦克以应付局面，这就是“T-34 危机”。

绝笔之作

T-34 坦克是前苏联著名设计师科什金呕心沥血的杰作。科什金因患肺炎病逝，最终没能看到绝笔之作的精彩表现，他的助手莫罗佐夫接替了他的工作，于 1940 年 6 月完成了 T-34 坦克的设计图纸，随即投入大批量生产。

知识小笔记

武器小档案

类　　型：重型坦克
生产厂商：前苏联哈尔科夫共产国际工厂
车　　宽：2.92 米
车　　高：2.39 米
战斗全重：32 吨
最大速度：55 千米/时
装甲厚度：18~60 毫米
通过垂直墙高：0.73 米
越 壕 宽：2.49 米
乘　　员：5 名

小个子的炮塔

T-34 坦克的炮塔低矮，减少了坦克被对手发现和被击中的几率，提高了生存能力。但这种造型的炮塔同样也限制了火炮和机枪的射击角度，无法近距离命中目标。

“世界坦克”——“谢尔曼”M4坦克

美国的M4中型坦克是第二次世界大战中后期的著名坦克，也是当时生产数量最多的坦克之一，总生产量达49 234辆。它在第二次世界大战后期的坦克战中，发挥了极大的作用，因而占有重要的历史地位。

“两兄弟”

美国于1940年开始进行新型坦克的研制工作。军方要求将75毫米火炮装在旋转炮塔上，1941年定型并命名为“谢尔曼”M4中型坦克。M4坦克与M3坦克几乎同时开始研制，被称为“两兄弟”。

75毫米火炮，可以发射穿甲弹，榴弹和烟幕弹。

综合性能强

M4与M3有许多相似之处，它们最大的区别在炮塔上。M3坦克火炮装在炮座内，而M4坦克的火炮装在旋转炮塔上，不仅可以提高火力的灵活性，而且有利于提高坦克的防护性能。因此，M4坦克的综合性能远远高于M3坦克。

庞大的家族

M4 坦克的型号非常多，仅美国官方公布的 M4 系列改进型车、变型车、实验型车就不少于 50 种，构成了庞大的“谢尔曼”家族。

遍布全球

第二次世界大战后，许多从美军退役的 M4 坦克成为一些中、小国家军队的主力坦克，“谢尔曼”遍及世界各地。直到今天，它仍在某些国家发挥着作用。

知识小笔记

武器小档案

类　型	中型坦克
生产厂商	美国汽车公司
车　长	7.54 米
车　宽	3 米
车　高	2.97 米
战斗全重	31.55 吨
最大速度	42 千米/时
最大行程	160 千米
装甲厚度	15~100 毫米
乘　员	5 名

步兵保镖——“邱吉尔”步兵坦克

No.040

步兵坦克就是用于伴随步兵作战，提供掩护和火力支援的坦克类型。“邱吉尔”步兵坦克是第二次世界大战中英国生产数量最多的一种坦克，总生产量达 5 640 辆。它诞生于 1941 年，并以当时英国首相邱吉尔的名字来命名。

防护性能好

“邱吉尔”步兵坦克共有 18 种车型。该坦克的装甲比较厚，与第二次世界大战期间的其他坦克相比，防护性能较好。“邱吉尔”步兵坦克于 1941~1952 年间在英军服役，爱尔兰、印度和约旦等国也装备过。

活跃在第二次世界大战战场上的“邱吉尔”步兵坦克

步兵一样的速度

“邱吉尔”坦克和其他步兵坦克一样，行驶速度比较慢，最大速度仅为每小时 25 千米，几乎与步兵的速度相当，难怪人们称其为步兵坦克。

多轮坦克

“邱吉尔”步兵坦克最有特色的地方就是行动装置。它采用了小直径轮子，庞大的车体每侧有 11 个轮子。这种设计造价低、结构简单、易于生产，即使个别轮子被击毁也能继续行动。不过，轮子太小也会在行驶过程中带来一些麻烦。

恪守传统

步兵坦克不要求高速度，反坦克火力也不强，但是具有很厚的装甲，要求能够抗击敌方的反坦克火力。自第一次世界大战后，英国一直将“步兵坦克”作为主要战斗武器，直到第二次世界大战结束后才完全放弃。“邱吉尔”坦克是英国最后一种步兵坦克。

知识小笔记

武器小档案

类　　型：步兵坦克
生产厂商：英国沃克斯豪尔汽车公司
车　　长：7.44 米
车　　宽：2.74 米
车　　高：3.25 米
战斗全重：38.5 吨
装甲厚度：19~101 毫米
爬 坡 度：30°
越 壕 宽：2.8 米
乘　　员：5 名

钢铁之美——“霞飞”M24 轻型坦克

把一个钢铁猛兽的名字翻译为“霞飞”的确有点不可思议，但它的确是美国著名轻型坦克 M24 的中文译名。M24 轻型坦克于 1943 年 3 月开始生产，截至 1945 年 6 月，共生产了 4 070 辆。

轻型坦克中的佼佼者

M24 的火力和装甲防护能力超过了第二次世界大战中的所有轻型坦克，它的火炮威力几乎与“谢尔曼”中型坦克相当，比 1939 年的多数中型坦克的火力都强。同时，M24 的车体和炮塔外形也有很大改进，从而增强了防护能力。

经历朝鲜战争

朝鲜战争爆发后，M24 坦克被大量调往朝鲜，作为美军部队初期的主要地面突击力量。1950 年 12 月，中国人民志愿军在抗美援朝战争中曾缴获过 M24 坦克。

多国装备

M24 坦克于 1944 年开始装备美国陆军，曾参加过莱茵河战役。第二次世界大战后，除美军外，奥地利、法国、希腊、伊朗、伊拉克、日本、菲律宾、西班牙、巴基斯坦等国也都装备过 M24 轻型坦克。

M24 变型车

M24 主要的不足之处是装甲薄弱，因此有许多 M24 坦克在战场上被摧毁。为了适应现代战争，很多装备 M24 坦克的国家对其做了重大改进，还出现了一些变型车，如 M37 自行榴弹炮、M41 自行榴弹炮和 M19 型双管自行高射炮等。

知识小笔记

武器小档案

类　　型：轻型坦克
生产厂商：美国通用汽车卡迪拉克汽车分公司
车　　长：5.5 米
车　　宽：3 米
车　　高：2.5 米
战斗全重：18.37 吨
最大速度：55 千米/时
装甲厚度：12.7~38 毫米
爬 坡 度：31°
越 壕 宽：2.44 米
乘　　员：5 名

No.042

逆境而生——“巴顿”M48 主战坦克

主战坦克就是在战场上担负主要作战任务的坦克。“巴顿”M48 主战坦克生产量达 11 703 辆，除美军外，还装备了希腊、伊朗等近 20 个国家的部队，参加过朝鲜战争、越南战争和第三次中东战争。

“T-34 危机”的产物

由于朝鲜战争中受苏制 T-34 坦克的威胁，美国决定研制新型坦克 T48。但因为生产匆忙，T48 存在的问题很多，随后不得不专门设立改装厂来修改。1953 年 4 月，美国陆军将 T48 坦克列入装备，改称 M48 坦克。

家族成员

M48 系列坦克生产车型包括 M48、M48C、M48A1、M48A2、M48A2C 等。除此之外，M48 坦克还被改装成喷火坦克、装甲救护车、架桥车、扫雷车等。

名将与名车

巴顿

许多国家都喜欢用著名将领的名字来给坦克命名，以示纪念。如法国的“勒克莱尔”坦克，美国的 M26 称为“谢尔曼”坦克，M46、M48、M60 均称为“巴顿”坦克，M1 称为“艾布拉姆斯”坦克等。

知识小笔记

武器小档案

类　　型	主战坦克
生产厂商	美国克莱斯勒公司
车　　长	6.7 米
车　　宽	3.6 米
车　　高	3.24 米
战斗全重	44.906 吨
最大速度	48.1 千米/时
最大行程	113 千米
爬 坡 度	60°
乘　　员	4 名

以色列对 M48 的改装

20 世纪 60 年代初，以色列获得 100 多辆以 M48A2 为主的 M48 系列坦克，大部分直接投入 1967 年的第三次中东战争。此后，以色列便开始大规模改装 M48 坦克。至 70 年代，以色列共改装了约 800 辆 M48 系列坦克。

战场上被反坦克导弹炸毁的巴顿 M48 坦克

AGM-65“小牛”反坦克导弹攻击巴顿 M48 坦克

装甲防护

M48 系列坦克采用整体铸造成型车体，车头和车底都采用船身的圆弧形，炮塔呈圆形，不同部位的装甲厚度从 25~120 毫米不等，因此具有相当强的装甲防护能力。

No.043 "一代名车"——M60 主战坦克

名副其实的"一代名车"M60 坦克，既是世界上最早装备部队的主战坦克，也是西方目前装备最多的主战坦克。它是美国陆军 20 世纪 60 年代以来的主要制式装备，包括 M60、M60A1、M60A2 和 M60A3 四种车型。

研制生产

M60 坦克于 1956 年开始研制，1960 年开始由克莱斯勒公司的底特律坦克工厂生产。总生产量达 1.5 万多辆。除美国使用外，还出售给奥地利、埃及、以色列等国。M60 采用了新的 105 毫米火炮、改进型火控系统和柴油机等。

无法体现真实战斗力

海湾战争中，M60A3 坦克曾投入战斗。由于在地面作战阶段伊军难以组织有效的反坦克作战，所以无法检验其真实水平。此外，它与 M1 系列坦克相比不占优势。因此，M60A3 在海湾战争中的表现不足以代表它的真实战斗力。

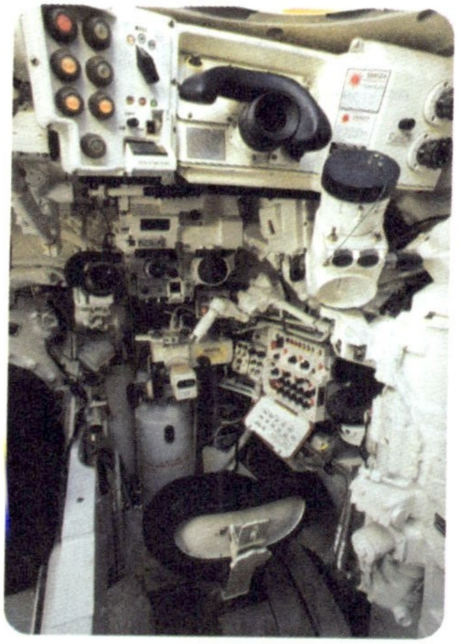

致命缺陷

M60 系列坦克存在两个致命缺陷：一是炮塔靠液压系统工作，命中弹丸的冲击力易将液压管打漏，极易起火爆炸；二是坦克油、弹存贮部位间距较小，命中后易引起连锁反应，造成车毁人亡。

M60A3 采用了 AN/VVG−2 车长激光测距瞄准镜，因此命中率很高。

知识小笔记

武器小档案

类　型：主战坦克
生产厂商：美国克莱斯勒公司
车　长：6.94 米
车　宽：3.63 米
车　高：3.21 米
战斗全重：48 吨
最大速度：48.2 千米/时
最大行程：500 千米
爬 坡 度：60°
乘　员：4 名

名车经典

目前世界上最典型的主战坦克有前苏联的 T−72、T−80，美国的 M1A1，德国的“豹”Ⅱ，英国的“挑战者”，日本的 90 式和以色列的“梅卡瓦”等。

No.044

“艾布拉姆斯”——M1 主战坦克

“艾布拉姆斯”M1 主战坦克是美国现役武器中最高性能的主战坦克，设计于 20 世纪 70 年代，是美军为了与数量庞大的前苏联坦克相抗衡而研制的，可以说是典型的冷战时期的产物。

M1A1 坦克内部炮手的位置

特种装甲

M1 主战坦克的特种装甲给人们留下了非常深刻的印象。它是由钢和其他材料组成的“三明治”式结构，可以抵御具有强大穿透力的破甲弹。

知识小笔记

武器小档案

生产厂商：美国克莱斯勒公司
车　　长：9.83 米
车　　宽：3.66 米
车　　高：2.44 米
战斗全重：57.1 吨
最大速度：68 千米/时
爬 坡 度：60°
通过垂直墙高：1.24 米
越 壕 宽：3.7 米
乘　　员：4 名

先进武器装置

M1 坦克比以前的 M60 系列坦克的行驶速度更快。它不像早期的坦克那样用装甲铸造法制造装甲外壳，而是用扁平的装甲部件焊接而成。此外，它还装有先进的火控系统和防原子、防化学、防生物武器装置。

“保姆”车队

M1 是世界现役坦克中唯一采用车载燃气轮机作为主发动机的坦克。在海湾战争中，M1 坦克群后面常跟随着长长的加油车队，以防止坦克燃料耗尽。M1 坦克发动机的性能良好，只是采用车载燃气轮机，相应的费用比较高。

贫铀装甲

美国于 1987 年研制出贫铀装甲并装到了新型 M1A1 主战坦克上。这种新装甲的密度是钢装甲的 2.6 倍，经过处理后，强度可提高到原来的 5 倍，提高了坦克的防护能力。

No.045

长身“怪兽”——T-80 主战坦克

俄罗斯T-80主战坦克于1976年定型并服役，至1987年中期约有2 200辆装备部队。该坦克装有激光测距仪和弹道计算机等先进的火控部件。T-80M1989是T-80的变型车，它不再采用燃气轮机而是采用柴油机。

不断进步

T-80 坦克初期车型由于采用过多新技术，造成可靠性能差，尤其是耗油巨大的燃气轮机，据说寿命只有 500 小时。1978 年推出的 T-80B，已经解决多数问题，性能趋于稳定，成为前苏联 20 世纪 80 年代的装甲主力。

全方位防护

T－80 车体由钢板焊接而成，重要部位安装有陶瓷复合装甲。T－80 仍采用前苏联传统的铸造炮塔，炮塔前部装有反应式装甲，可对付顶部攻击武器。此外，T－80 配备了集体防护装置，具有良好的三防能力。

知识小笔记

武器小档案

类　　型：主战坦克
生产厂商：前苏联鄂木克斯厂
车　　长：7.4 米
车　　宽：3.4 米
车　　高：2.2 米
战斗全重：45 吨
最大速度：70 千米/时
最大行程：450 千米
爬 坡 度：60°
乘　　员：3 名

激光报警装置

T－80 坦克安装着激光报警装置，可以根据敌军的激光测距仪、激光指示器或激光精确制导装置发出的激光做出反应，并迅速发出报警信号。在指挥型 T－80 坦克的炮塔顶上还装有激光指示器。

长长的身体

T－80坦克安装有一台燃气轮机，它是前苏联第一种采用燃气轮机的主战坦克。因为燃气轮机的体积和耗油量比较大，所以 T－80 的车体要比其他坦克长。

No.046

陆地“乌贼”——T-90 坦克

俄罗斯 T-90 坦克是一种新型主战坦克，堪称俄罗斯陆军最先进的陆战装甲装备。它是典型的组合式坦克，采用 T-72 坦克的炮塔，T-80 的底盘，只有整个火控系统是独立研制的，并安装了主动防御系统。

T-90 坦克下水

名字由来

T-90 主战坦克在研制初期也是 T-72 的一种改进型，但由于使用了 T-80 的先进技术，且综合性能有相当大的提高，因此被重新命名为 T-90。

“烟幕弹”

T-90 坦克的炮塔顶端装有特殊的激光报警装置，一旦发觉坦克被激光束照射，就会引导发射榴弹，3 秒钟之内便会产生可以持续 20 秒的悬浮烟幕，就好像乌贼遇到危险时放的“烟雾弹”一样，使敌方的导弹失去攻击目标。

告别“恐黑症”

俄罗斯早期的坦克有害怕夜战的弱点，T−90 坦克改进了这一缺点。它的车身和炮管上都装有可以搜索、发现和指示目标的仪器，夜间的最大有效视距可达 3 700 米。因此，T−90 在夜间也可以发挥正常的战斗水平。

知识小笔记

武器小档案

类　　型	主战坦克
生 产 国	俄罗斯
车　　长	9.53 米
车　　宽	3.78 米
车　　高	2.23 米
战斗全重	44.5 吨
最大速度	60 千米/时
最大行程	550 千米
爬 坡 度	30°
越 壕 宽	2.8 米
涉 水 深	1.2 米
乘　　员	3 名

改进和提高

T−90 坦克自从 1994 年开始小批量生产并装备俄罗斯陆军起，就在不断改进和提高。目前，它至少已有两种变型车，即 T−90E 和 T−90C，估计未来还会有新的改进型出现。

No.047

火力之最——“豹”2 坦克

豹是一种猛兽，反应敏捷，奔跑速度快，捕杀能力强。德国“豹”2 式坦克不仅坐拥其名，更兼具其实。它凭借着优异的性能、良好的可靠性，从 1998 年以来，一直占据各种《世界坦克排行榜》首位，是世界现役主战坦克中综合性能最优秀的一种。

火力之最

“豹” 2 坦克使用的火炮是一门 120 毫米的滑膛炮，这种炮一出现就成为坦克炮中的经典之作。后来，人们对该炮进行了改进。“豹” 2A6 坦克安装了最新型 120 毫米炮，在常温下可以轻松穿透 900 毫米的钢甲，创下了现役坦克的火力之最。

知识小笔记

武器小档案

类　　型：主战坦克
生产厂商：德国克劳斯·玛菲公司
车　　长：9.61 米
车　　宽：3.42 米
车　　高：2.48 米
战斗全重：62.5 吨
最大速度：72 千米/时
最大行程：550 千米
乘　　员：4 名

夜间作战

为了提高坦克的夜间作战能力，20 世纪 70 年代以后的坦克普遍采用了微光夜视仪和微光电视等。“豹” 2 坦克首先装载了热像仪，所以在黑暗中或雾中同样能发现敌人并进行攻击。

人性化设计

“豹” 2 坦克是西方最早使用复合装甲的主战坦克之一。该坦克的设计把乘员的生命安全放在 20 项要求的首位。最新型的 “豹” 2A6 坦克由于安装了楔形复合装甲，所以在防御性能方面十分占优势。

重整旗鼓

“豹” 2A5 是 “豹” 2 坦克的改进型，最初是为英国陆军 “挑战者” 坦克的替代计划研制的，但却败给了新型 “挑战者” 2 坦克。不过，“豹” 2A5 坦克并没有气馁，它经过改进后在瑞典新型坦克竞争中赢得了胜利。

No.048

高度智能化——90 式坦克

日本 90 式坦克是该国研制的第三代主战坦克，于 1990 年定型，故命名为 90 式坦克。它是日本第一种完全安装了稳定自动装弹机的坦克，拥有优秀的火控系统。

吸取精华

90 式坦克应用了很多现代化的顶尖技术，在火控和车辆电子系统方面，它甚至比法国“勒克莱尔”、德国“豹”2A5 和美国 M1A2 还要先进。

日本“豹”与德国“豹”

日本 90 式坦克与德国的“豹”2 坦克有很多相似的地方。除外形之外，它的主炮与“豹”2 相同，都是 RH120 式 120 毫米加农炮。90 式坦克与“豹”2 不同的是，有一部自动装弹机。

自动装填装置

采用自动装填机是日本 90 式坦克的一大特色，可以节省人力，使乘员减少至 3 名。这种自动装填系统由日本三菱重工所研发，采用带装弹舱设计，利用链带来带动或选取弹舱内的炮弹。

神奇的火控系统

90 式坦克的火控系统高度智能化，不但具备自动目标跟踪能力，而且还有目标识别、排序以及将威胁按优先顺序排列的神奇功能，所以 90 式坦克具有准确的首发命中率。

知识小笔记

武器小档案

类　　型：	主战坦克
生产厂商：	日本三菱重工
车　　长：	9.55 米
车　　宽：	3.43 米
车　　高：	3.05 米
战斗全重：	52 吨
最大速度：	70 千米/时
最大行程：	300 千米
乘　　员：	3 名

军用飞机

军用飞机是各个国家空军作战的主要兵器，它的生产和发展水平也是衡量一个国家空军实力强弱的标准。现代军用飞机分为战斗机、侦察机、预警机、轰炸机、直升机、运输机、电子战机、空中加油机等几种类型。

No.049

“间谍幽灵”——U-2 侦察机

美国于 20 世纪 50 年代研制成功的 U-2，是一种专用远程高空侦察机，被称作“间谍幽灵”，它是当时世界上最先进的空中侦察机。U-2 的全身被涂成黑色，可以飞行在 2 万米以上的高空。

臭鼬般的进攻方式

U-2 飞机是由美国洛克希德·马丁飞机制造公司下属的“臭鼬”工厂研制的。它在高空执行任务时，如果遇到导弹攻击，就会释放电子干扰信号，使导弹偏离方向。这种进攻方式的确和臭鼬十分相似。

知识小笔记

武器小档案

类　型：高空侦察机
生产厂商：美国洛克希德·马丁公司
机　长：19.2 米
机　高：4.88 米
翼　展：24.38 米
机身重量：7.03 吨
最大速度：692 千米/时
最大巡航高度：27 430 米
最大航程：4 830 千米

高空中的无奈

U-2 飞机飞得如此之高，以至于在空气稀薄的高空，发动机常常会因为缺氧而熄火。为了让飞机重新发动，飞行员不得不把飞机降到可以给发动机提供足够氧气的高度。

U-2“间谍幽灵”侦察机驾驶员座舱

不负使命

1962 年 8 月，美国当局获悉前苏联可能在古巴建立了地对空导弹阵地，中央情报局立即派出 U-2 进行核实。最终，U-2 不负使命，在古巴西部侦察到了前苏联正在修建的核导弹基地。

如今，由于卫星技术的发展，U-2 飞机已经难有用武之地，大部分已被转到美国太空总署，从事民用方面的研究。

U-2 的绝技

作为一种间谍飞机，U-2 有两个绝技：一是飞得高，不仅超过世界上任何一种战斗机的飞行高度，甚至超过了一般地空导弹的射程；二是谍报本领强，它不仅可进行照相侦察，还可以进行电子侦察。

“黑鸟”——SR-71 侦察机

“黑鸟”是美国空军的高空高速侦察机。它的外形非常奇特，远远看去很像一只凌空飞翔的“黑天鹅”。因此，人们送给它一个绰号——“黑色的怪鸟”，简称“黑鸟”。

SR-71 的标志

高额的出场费

“黑鸟”的油箱一次可盛油 36 300 千克，但升空后很快就会被两台发动机消耗殆尽。因此，它在空中活动时，至少需要 3 架加油机提供空中加油。连同其他费用，“黑鸟”出去活动一次至少耗资 1 800 万美元。

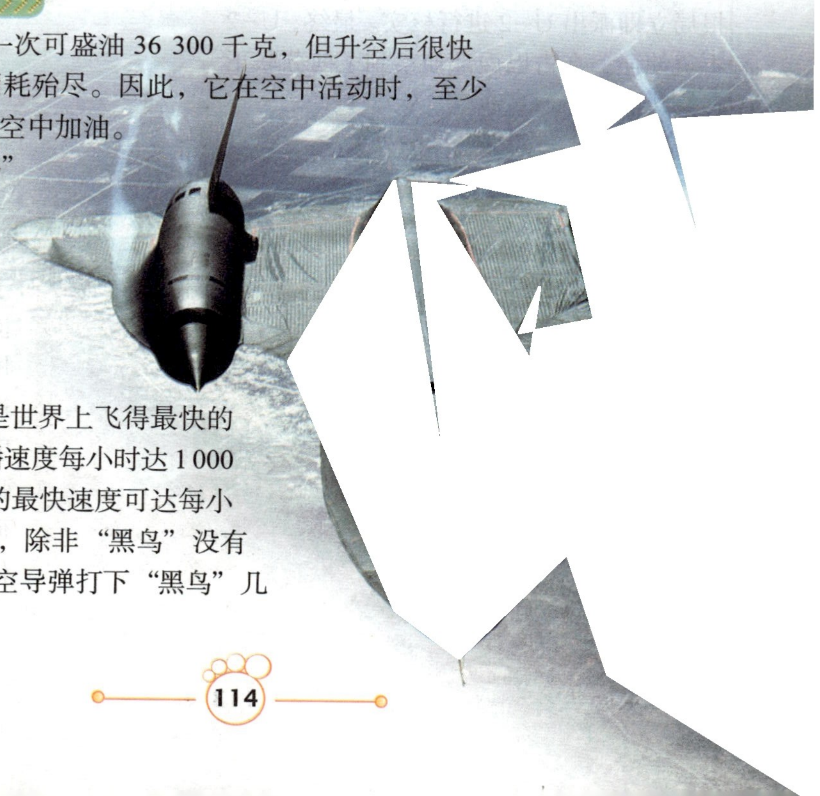

空中神话

“黑鸟”侦察机是世界上飞得最快的军用飞机。声音的传播速度每小时达 1 000 多千米，而“黑鸟”的最快速度可达每小时 3 529 千米。因此，除非“黑鸟”没有防备，否则要用空对空导弹打下“黑鸟”几乎是不可能的。

知识小笔记

武器小档案

类　　型：高空高速侦察机
生产厂商：美国洛克希德·马丁公司
机　　长：32.74 米
机　　高：5.64 米
翼　　展：16.95 米
空　　重：27.24 吨
最大起飞重量：77.18 吨
最大速度：3 800 千米/时
巡航高度：25 900 米
最大航程：5 230 千米

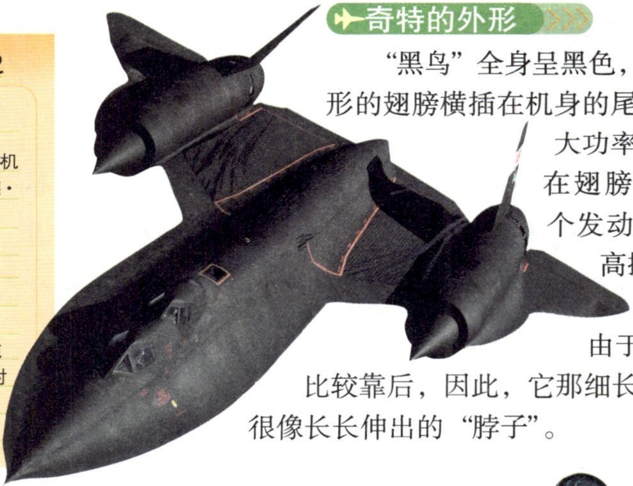

奇特的外形

“黑鸟”全身呈黑色，两个三角形的翅膀横插在机身的尾部。两台大功率发动机嵌在翅膀中间，每个发动机上还高高撅起个“小尾巴”。由于翅膀装地比较靠后，因此，它那细长的前机身很像长长伸出的“脖子”。

飞行员的太空服

SR−71 飞行时有两名成员：飞行员和系统操作手。由于 SR−71 的飞行高度和速度都超出人体可承受的范围，所以两名成员必须穿着全密封的飞行服，外观看上去与宇航员类似。

SR−71 在降落时会放出了一朵巨大的橙色减速伞，以缩短降落距离。

No.051

“铆钉”——RC-135 侦察机

“铆钉”是美国空军最先进的战略电子侦察机之一，它被视为 21 世纪最重要的侦察工具。RC-135 自问世以来已经有多种改进型，分别用于信号情报、电子情报和弹道导弹情报的侦察。

RC-135 的标志

远程侦察

RC-135 擅长在目标国沿海地区实施侦察行动。它在执行侦察任务时最大的优势就是无须进入敌国领空或者过于贴近敌国领空活动，可以在公共空域进行侦察活动。

知识小笔记

武器小档案

类　　型	战略电子侦察机
生产厂商	美国波音公司
机　　长	46.6 米
机　　高	12.95 米
翼　　展	44.4 米
最大起飞重量	135.45 吨
最大速度	807 千米/时
巡航速度	960 千米/时
最大航程	120 000 千米

雷达系统

RC－135机上有27名电子侦察操作人员分别负责雷达、通信和照相侦察三大系统。其中，雷达侦察系统可以收集预警、制导和引导雷达的频率等技术参数，并进行定位。世界上各种雷达参数都在其测量范围内，测量精度非常高。

RC－135的发动机

“侦察是我的生活，危险是我的业务”

RC－135属美空中战斗司令部下属的第55侦察机联队，该联队驻扎在美国的奥福特空军基地。因此，RC－135飞机机尾都有OF字样。该机的标徽除有表示RC－135侦察机的图案外，还写有这样一句话：“侦察是我的生活，危险是我的业务。”

千里眼

RC－135上装有红外探测器和前视雷达，探测距离达238~370千米，可在360千米内分辨出3.7米长的物体。

谍影显现

1996年3月，我国在台湾海峡进行军事演习期间，美国空军的1架RC－135S侦察机，从美国奥福特基地起飞到达我国东海上空，专程来执行搜集我国导弹发射演习情况的任务。

“捕食者”——RQ-1 无人机

无人机是利用无线电遥控设备和自备程序控制装置操纵的不载人飞机。RQ-1“捕食者”无人机是美空军重要的远程中高度监视无人机。它最初用来执行侦察任务，可持续航行 24 小时以上。

地面控制站

实时传送影像

RQ-1 装有合成孔径雷达、电视摄影机和前视红外装置，获得的各种侦察影像，可以通过卫星通信系统实时地向前线指挥官或后方指挥部门传送。

遥控起飞

“捕食者”无人机可以在粗略准备的地面上起飞升空，起飞过程由遥控飞行员进行视距内控制。典型的起降距离为 667 米左右。

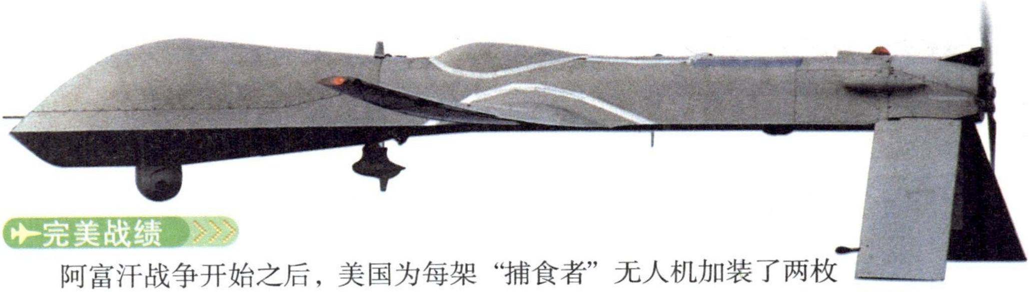

完美战绩

阿富汗战争开始之后，美国为每架“捕食者”无人机加装了两枚海尔法导弹，这使它在发现地面目标后可直接发动攻击，从而大大增强了威力。“捕食者”在执行的数十次对地攻击中，成功率达 100%。

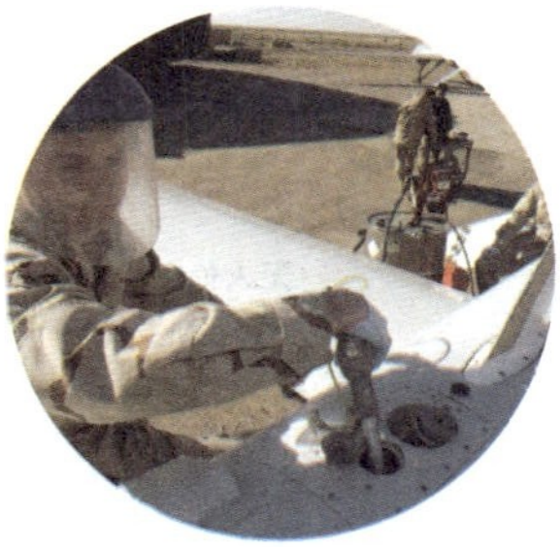

机组人员给 RQ－1“捕食者”无人机加燃料

善变的精灵

无人机具有体积小、造价低、操作简便、战场生存能力较强等优点，所以非常受世界各国军队的欢迎。在现代战争中，众多功能各异的“无人机”就像善变的精灵一样飞行在无边无际的天空。

知识小笔记

武器小档案

类　　型：远程侦察无人机
生产厂商：美国通用动力公司
机　　长：8.21 米
机　　高：2.13 米
翼　　展：14.8 米
巡航速度：130 千米/时
最大航程：740 千米

致命的缺点

RQ－1 也存在一些致命的缺点，例如体积比较大，被发现的几率高；操作复杂，非常依赖地面控制等。据不完全统计，从 1995 年美军首次使用 RQ－1 至今，已有 10 架坠毁或被击落。

No.053

“全球鹰”——RQ-4A 无人机

“全球鹰”是名扬世界的高空长航时无人侦察机，也是全世界最先进的无人机。它的飞行控制系统采用了 GPS 全球定位系统和惯性导航系统，可以自动完成从起飞到着陆的整个过程。

技术先进

“全球鹰”无人机的控制系统十分先进。操作时，只要把飞行路径信息数据输入机上计算机，它就能自主飞行，并在 GPS 定位系统的帮助下准确到达目的地。此外，“全球鹰”还装置了先进的电子侦察系统。

摔出来的“全球鹰”

“全球鹰”研制计划于 1994 年启动，首架原型机在 1998 年完成首次飞行。它刚问世那几年情况非常不好，坠毁事件接二连三，一直与灾难相伴。当时美国共造出 7 架原型机，其中有 4 架因各种原因坠毁。

知识小笔记

武器小档案

类　型：无人侦察机
生产厂商：美国诺斯罗普·格鲁曼公司
机　长：13.5 米
机　高：4.62 米
翼　展：35.5 米
空　重：27 240 千克
最大起飞重量：11 622 千克
最大飞行速度：740 千米/时
巡航速度：20 千米/时
最大航程：25 945 千米

越洋创举

“全球鹰”在 2001 年完成了从美国到澳大利亚的越洋飞行创举。在这之前，即便是有人驾驶的飞机，也只有少数几架能跨越太平洋。

最昂贵的无人机

“全球鹰”是美军最昂贵的无人机。原预计它的单价为 1 530 万美元，但后来因为不断增加成本，并且使用了先进的感测器系统，导致单价猛升到 3 700 万元，涨幅惊人。

技高一筹

“全球鹰”在 2001 年 4 月进行的飞行试验中，飞到了 19 850 米的高度，打破了喷气动力无人机持续航行 31.5 小时的飞行记录。那项记录曾被保持了 26 年之久。

No.054

“鱼鹰”——V-22 直升机

倾斜旋转翼直升机 V-22“鱼鹰”既具有固定翼飞机持续航程远的特点，又具备直升机操控灵活、升降方便等优点。“鱼鹰”的诞生是飞机发展史上的又一座里程碑。

空中杂技

“鱼鹰”的机翼两端各安装了一部旋转式短舱，并配有大功率的涡轮发动机。当旋转短舱垂直向上时，它便可像直升机一样垂直起飞。当达到一定飞行高度和速度后，旋转式短舱向前转动到 90°水平位置，它便可像普通固定翼螺旋桨飞机一样向前飞行。

知识小笔记

武器小档案

类　　型	旋转翼直升机
生产厂商	美国波音公司
机　　长	17.33 米
机　　宽	5.28 米
最大速度	584 千米/时
巡航速度	510 千米/时
最大载重	4 536 千克
最大升限	9 144 千米
最大悬停高度	914 米

冒险游戏

20 世纪中期，全球掀起了一股研制倾斜旋翼机的热潮。最初，许多航空专家对研制这种飞机寄予厚望，但后来因为这种飞机的结构复杂，试飞时机毁人亡的事故接连发生，所以许多国家都放弃了研制。

MV-22

MV-22 是 V-22 系列的第一种变型机，在海军陆战队服役。它的主翼能以主翼轴心为圆心做大范围的折叠。MV-22 可以承载 3 名机组人员和 24 名全副武装的海军陆战队员或同等重量的货物。

V-22 的驾驶员座舱

对簿公堂

2000 年 12 月 11 日，一架 MV-22 在卡罗来纳州北部训练时坠毁，机上 4 人全部遇难。2002 年 4 月，一位遇难机组人员的妻子以“产品质量不合格并造成不合理危险”为由提起法律诉讼，要求飞机制造商承担赔偿责任。

“阿帕奇”——AH-64直升机

“阿帕奇”战斗直升机是美国陆军航空兵的主力装备，也是世界上最先进的现役武装直升机。它是美国第二代专用武装直升机，也是美国最早具有昼夜作战能力的武装直升机。

名副其实

阿帕奇是印第安传说中的一位勇士，他骁勇善战。给AH-64起名“阿帕奇”，希望它能成为战场上的空中霸主。

挖“眼”行动

海湾战争期间，伊拉克用于探测入侵战斗机的两座雷达阵地对盟军的轰炸造成了很大麻烦。美军决定派“阿帕奇”去挖掉这两只“眼睛”。接到命令10秒钟后，“阿帕奇”向目标发起进攻，那两座雷达阵地不久便成为一片废墟。

制胜利器

“海尔法”重型反坦克导弹是“阿帕奇”直升机的制胜利器，主要用于远距离攻击坦克、装甲车辆和其他地面目标。“海尔法”导弹可以跟进攻击目标反射的激光，直到击中为至。

知识小笔记

武器小档案

类　　型	战斗直升机
生产厂商	美国麦道公司
机　　长	17.8 米
机　　宽	5.23 米
机　　高	4.7 米
旋翼直径	14.6 米
最大速度	365 千米/时
巡航速度	293 千米/时
实用升限	6 400 米
续航时间	3 小时

聪明的攻击者

“阿帕奇”的飞行速度很快，可以贴近地面低飞，并能充分利用地形或地面物体做掩护，用最快的速度接近敌方，然后发射炮弹、火箭弹和导弹。它进攻完毕后，会迅速隐蔽，使敌方的地面防空炮火很难击中。

No.056

“科曼奇”——RAH-66直升机

“科曼奇”是美军研制的又一种性能优异的武装直升机，它是用高技术打造的又一空中利器。同“阿帕奇”一样，“科曼奇”的名字也是来自印第安人的名字，代号为RAH-66，其中R表示侦察，A表示攻击，H表示直升机。

“隐身杀手”

“科曼奇”最大的特点是有非常强的隐身能力，它的隐身招数集中了当今隐身技术的精华，被称为“隐身杀手”。

最大的骄傲

“科曼奇”最值得骄傲的是“夜视导航系统”。无论是天昏地暗之处，还是风沙雨雾之时，这个系统都能帮助飞行员寻找潜在目标。飞行员发现目标后，可通知其他攻击部队去进攻这个目标，也可自己消灭这个目标。

便于保养

便于保养是 RAH-66 的另一个突出特点。它比新一代武装直升机[illegible]制系统少用近 2 000 个零件，保养工具只需 50 种，而其他直[illegible]上。此外，“科曼奇”只需 30 件地面[illegible]前武装直升机的 1/10。

知识小笔记

武器小档案

类　　型	攻击侦察直升机
生产厂商	美国波音公司
机　　长	14.48 米
机　　高	3.36 米
空　　重	3 605 千克
最大起飞重量	4 990 千克
旋翼直径	11.9 米
最大速度	324 千米/时
巡航速度	305 千米/时
最大爬升率	7.2 米/秒

霸王梦破灭

[illegible]布取消“科[illegible]

[illegible]390 亿美元[illegible]

No.057

“母鹿”——Mi－24 直升机

于20世纪60年代末开始研制的Mi－24是前苏联的第一种专用武装直升机，至今已有十几个型别，形成了庞大的“母鹿”机族。它于1973年正式装备部队，装备的国家包括阿富汗、越南、阿尔及利亚、安哥拉、古巴、印度等。

令专家们汗颜

Mi－24 刚研制成功时，直升机专家们并没对它抱很大的期望，这一点从它的命名可以看出。因为自然界中的母鹿并不善于进攻，遇敌只会以逃求生。然而，“母鹿”出色的战场表现却令为它命名的直升机专家们汗颜。

宝贵经验

“母鹿”在阿富汗战场上，曾以损失 333 架次的惨重代价换来了宝贵的直升机山地作战经验。这些经验不仅使它在之后的战争中减少了损失，而且也推动和引导了它的改进。

知识小笔记

武器小档案

类　　型：武装直升机
生产厂商：莫斯科米里设计局
机　　长：21.35 米
机　　高：3.97 米
空　　重：8 200 千克
最大起飞重量：12 000 千克
旋翼直径：17.3 米
最大速度：335 千米/时
巡航速度：270 千米/时
最大爬升率：12.5 米/秒

不甘落后

美军武装直升机“阿帕奇”在海湾战争的表现给“母鹿”带来了很大压力，迫使俄军加快了改进升级“母鹿”的步伐。改进型 Mi－24PM 和 Mi－24VM 具有很强的夜间观察和搜索能力、可靠的全昼夜作战能力，整体作战能力有很大提高。

“雷电”——A-10攻击机

“雷电”的模样看起来并不像它的名字那么凶悍，但它是当今世界上最完美的攻击机之一。A-10是由美国研制的空中支援攻击机，主要用于攻击坦克群和战场上的活动目标及重要火力点。

知识小笔记

武器小档案

类　　型：攻击机
生产厂商：美国费尔柴尔德公司
机　　长：16.26米
机　　高：4.47米
翼　　展：17.53米
最大起飞重量：22 680千克
正常起飞重量：20 032千克
作战飞行速度：713千米/时
巡航速度：623千米/时

穿着“防弹衣”

A-10的驾驶舱周围有一圈3.8厘米厚的防弹装甲，把座舱完全保护起来，以抗击地面火力的攻击。此外，它的机身腹部有5厘米厚的钛合金装甲，23毫米口径以下的地面火力根本无法击穿。

威力强大

A-10 首次出现在战场就发挥了强大的威力。海湾战争中，曾有一个双机 A-10 编队在一天时间内摧毁了 23 辆伊拉克坦克。A-10 再次出现在实战战场是 2002 年 3 月，它被布置到阿富汗的美军前线基地。

坦克杀手

A-10 全身共有 11 个挂架，可挂炸弹、火箭弹、导弹等。它的机头下方装有 130 毫米的 7 管速射机炮，每分钟可发射 400 发炮弹。A-10 使用的炮弹具有特别强的穿甲能力。

“雷电”A-10 的弱点

A-10 与战斗机相比具有机动能力差，机体重量大，速度慢等弱点。因此，只有己方战斗机夺取了战场上空的制空权，才能确保 A-10 发挥强大的威力。

自相残杀

在一次战斗中，美国海军陆战队的一辆装甲车，被自己的 A-10 攻击机所发射的“小牛”空地导弹击中，7 名海军陆战队队员阵亡。

No.059

“鹞”——AV-8B 式战斗机

如果你看过美国电影《真实的谎言》，你一定会被电影里男主角驾驶着一架飞机从楼顶垂直起降的情景所感染。那架飞机就是“鹞”式战斗机，它是世界上第一种实用型固定翼垂直短距起降飞机。

曾经的“猎兔狗”

“鹞”式战斗机在我国曾被叫做“猎兔狗”。据说，当时一位英国将军听了“猎兔狗”这个译名后，莫名其妙地说：“英国的狗和其他国家的狗都是一样的，是飞不到天上去的。”

因祸得福

1983 年 6 月，一架英国“鹞”式战斗机在进行海上训练时，无线电通信导航设备突然出现问题。飞行员急中生智，最后成功降落在海面一艘货船上。这次成功降落，使“鹞”式飞机成为许多国家军方关注的对象。

并不完美

“鹞”式飞机已经诞生了近 40 年。虽然它受到很多国家军队的青睐，但仍然存在一些缺点。它的耗油量大，起降、悬停都需要大量油料。需要装载的油料多，载弹量就少，因此对战斗力会造成影响。

知识小笔记

武器小档案

类　　型	战斗机
生产厂商	英国宇航公司
机　　长	14.11 米
翼　　展	9.24 米
最大起飞重量	14 061 千克
最大外挂重量	4 173 千克
最大速度	1 224 千米/时
最大航程	3 780 千米

英阿马岛之战中的“明星”

在英阿马岛之战中，英军出动了数十架“鹞”式战斗机与阿根廷空军展开了大规模的空战。战斗结果显示：阿根廷军队损失的飞机中有 31 架是被“鹞”式击落的，而“鹞”式没有一架被阿方击落或击伤。

“雄猫”——F-14 战斗机

No.060

“雄猫”战斗机是由美国研制的一种可变翼高速重型舰载战斗机，它是美国海军的主力舰载作战飞机，也是目前世界上最重的超载战斗机。F-14 在美国人心目中的地位非常崇高。

可变换角度的机翼

F-14 战斗机的机翼可以变换角度。它的机翼分成两部分，一部分与机身相连，且固定不动。机翼外段能转动，并可变换后掠角度。

战绩平平

F-14 与美国空军F-15 相比，可谓战绩平平。不过，这并不是因为F-14 的性能不佳，而是伊拉克人早已对它所用的雷达了如指掌，只要美国海军的 F-14 机群一到，所有的伊拉克战机便会马上撤离。

反串角色

海湾战争中，F－14 一直扮演着空中掩护的角色。1991 年 2 月 6 日，F－14 用“响尾蛇”导弹击落了一架米－8 直升机，这是 F－14 在这次战争中唯一的空战胜利。

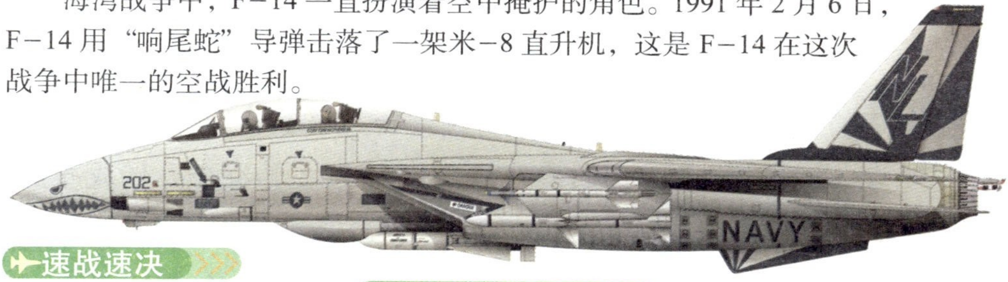

速战速决

1981 年 8 月 19 日，在地中海南部海域上空，两架 F－14 遭遇两架苏－22 战机。最终，F－14“后发制人”，将两架苏－22 打得凌空爆炸。这场空战仅用了 1 分钟左右的时间。

“雄猫”的魅力

《壮志凌云》是美国人心中的经典美式大片。据说，片中在美妙乐曲中翻滚的战斗机，当时在美国青年中掀起了一股军事热，美国在那年创下了二战后海军入伍报名的最高记录。那架魅力四射的战斗机就是 F－14“雄猫”战斗机。

知识小笔记

武器小档案

类　　型	战斗机
生产厂商	美国格鲁曼公司
机　　长	18.89 米
机　　高	4.88 米
翼　　展	11.45~19.55 米
空　　重	18 191 千克
最大起飞重量	33 724 千克
最大外挂重量	6 577 千克
最大平飞速度	2 864 千米/时
巡航速度	741~1 019 千米/时

No.061

“鹰”——F－15 战斗机

“鹰”战斗机是 1965 年开始研制的一种超音速制空战斗机，它是世界上最出色的战斗机之一。F－15 具有全天候战斗能力，主要用于完成空中作战任务。

F－15 家族

F－15 家族成员众多，F－15A 型是单座战斗机；B 型是由 A 型改进的双座教练机；C 型是增加了载油量的 A 型改进型；D 型则是 C 型的双座教练机；E 型是战斗轰炸机。

F－15“鹰”战斗机发射 AIM－7“麻雀”中距空空导弹

昂贵的飞机

F－15 的缺点是价格太昂贵。它的单机价格在 1987 年就高达 3 910 万美元，即便是挥金如土的美国军方也被迫使用“高低搭配”的方法来应付这一问题。

F-15E的“火眼金睛”

之所以说F-15E有火眼金睛，是因为它采用了美国先进的高科技成果：飞行员头盔式信息显示和目标选定瞄准系统。飞行员只需按动按钮，中央计算机就会立即输入他头部转动角度，瞄准系统则会立即锁定他选定的攻击目标，整个过程只需1秒钟左右。

备受青睐

在美国和以色列服役的F-15截至1996年共击落各种飞机96架，而自己却无一被击落，因此受到许多国家空军的青睐，他们纷纷称赞F-15是世界上最出色的制空战斗机。

note 知识小笔记

武器小档案

类　　型：战斗机
生产厂商：美国麦克唐纳·道格拉斯公司
机　　长：19.43米
机　　高：5.63米
翼　　展：13.05米
空　　重：12 973千克
最大平飞速度：2 650千米/时

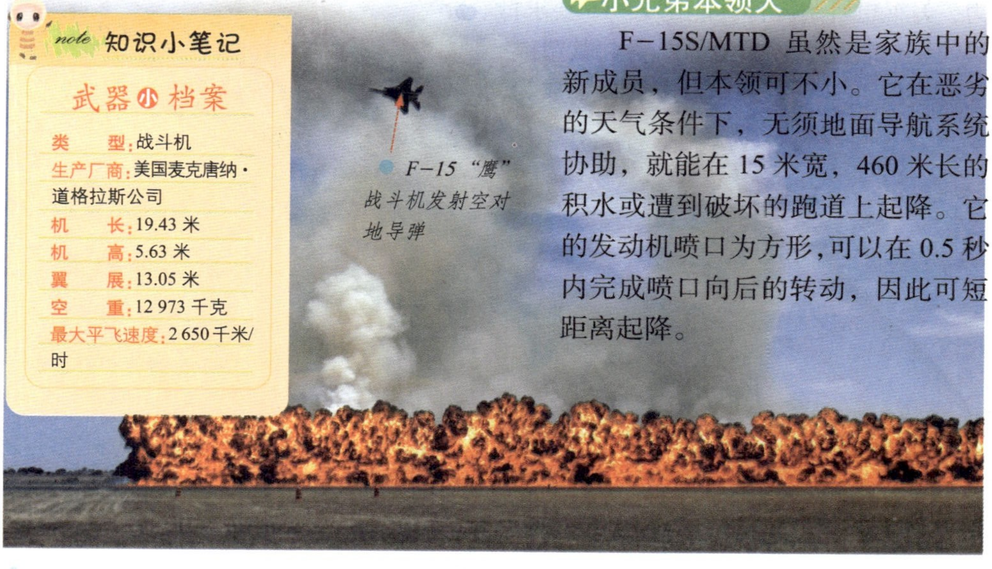

F-15“鹰”战斗机发射空对地导弹

小兄弟本领大

F-15S/MTD虽然是家族中的新成员，但本领可不小。它在恶劣的天气条件下，无须地面导航系统协助，就能在15米宽，460米长的积水或遭到破坏的跑道上起降。它的发动机喷口为方形，可以在0.5秒内完成喷口向后的转动，因此可短距离起降。

“战隼”——F-16战斗机

No.062

“战隼”最初是美国通用动力公司为美空军研制的轻型战斗机,主要用于空战,是美国空军的主力机种之一。1991 年之后,美国空军对战机的需求量下降,通用公司将F-16的生产线卖给了洛克希德·马丁公司。

横空出世

为解决 F-15 给美国军方造成的经费压力，美军想研制一种性能比 F-15 要求低、价格便宜的轻型多用途战斗机，与其组成高低搭配。于是，F-16 横空出世，成为美军的“低档配置”。

腹部进气道

F-16 采用腹部进气道，飞机大仰角飞行或侧滑时，气流稳定，且不会吸入机炮发射时的烟雾。

知识小笔记

武器小档案

类　　型:战斗机
生产厂商：美国通用动力公司 洛克希德·马丁公司
机　　长:15.09 米
机　　高:5.09 米
翼　　展：9.45 米
最大起飞重量：16 057 千克

明星风范

F-16 的外形据说是从 50 多种设计方案中挑选出来的，非常漂亮，颇有明星风范，美军“雷鸟”表演队曾选用 F-16 作为表演专用机。

首次实战

1981 年 6 月 7 日，以色列的 8 架 F-15 战斗机在 6 架 F-15 战斗机的护航下，悄悄地向伊拉克巴格达附近的原子能中心飞去，之后，几十枚炸弹在原子能中心附近爆炸。这是 F-16 诞生以来第一次投入实战。

座舱里的秘密

F-16A、F-16C 的座舱是单人空调座舱，为了开阔驾驶员的视界，采用了气泡式座舱盖。F-16B、F-16D 安装了串列式双座舱，两个座舱内装有全套操纵装置、显示装置、仪表、电子设备及救生系统，可供训练和作战使用。

No.063

“大黄蜂”——F/A-18战斗机

由于F-18舰载战斗机与A-1舰载攻击机是在同一原型机的基础上发展起来的，即一机两型，而且机体完全一样，只是在武器装备上有差别，所以统称F/A-18，代号都叫“大黄蜂”。

F/A-18“大黄蜂”突破音障

屡经战火

“大黄蜂”自1983年1月开始服役就屡经战火考验。在海湾战争中，美军有148架“大黄蜂”参战，意大利国防军也出动了20多架“大黄蜂”，主要执行对地攻击任务。它在空战中曾击落伊拉克的米格飞机。

知识小笔记

武器小档案

类　型：战斗机
生产厂商：美国麦道公司
诺斯洛普公司
机　长：17.07米
机　高：4.66米
翼　展：11.43米
最大平飞速度：1910千米/时

F/A-18家族

F/A-18是单座、双发舰载战斗机，有YF/A-18A/B、F/A-18A、RF-18A、F/A-18B、F/A-18C和F/A-18D 6种型别，共生产了1 137架，其中150架是双座教练型，112架是侦察型。

夜鹰吊舱

由于F/A－18的机身内部空间已满，所以新的电子设备只能挂在机外。美军于1993年1月开始为F/A－18安装一种秘密电子舱，称作“夜鹰吊舱”。它无论白天还是夜间，都能正常进行工作，为飞行员精确地指示轰炸目标。

可靠性高

F/A－18的可靠性能非常好，平均故障间隔时间是F－14的4倍。从1978年11月首次试飞至1993年9月17日，F/A－18创下了总飞行时数200万小时的记录。

引导攻击

F/A－18的主要缺点是，在执行对地攻击任务时需要依靠其他飞机向自己准备攻击的目标发射激光，照射目标，从而引导自己发射的激光制导武器去攻击目标。这使“大黄蜂”在战斗中受到了很大限制。

“土豚”——F-111 战斗机

“土豚”战斗机是世界最早的实用型变后掠翼飞机，曾是美国的王牌战斗机。它于 1962 年开始设计，1967 年正式装备部队。F-111 有 6 种改进型，分别是 C 型、D 型、E 型、F 型和 EF-111 电子干扰机及 FB-111 战略轰炸机。

特制的炸弹

F-111 参加过多次美军作战行动，它曾在海湾战争期间采用特制的巨型炸弹。当时美军缺乏能够摧毁伊拉克坚固目标的炸弹，于是用 203 毫米火炮的炮管作为弹身，临时赶制了重达 2 177 千克的 GBU-28 炸弹。

GBU-28 炸弹

逃生装置

F-111 有一套特别的逃生装置。遇到危险时，它的座舱内会弹出一个塑胶护罩，将飞行员和座椅完全包裹起来。这个护罩可以有效地保护飞行员，使他们免受强大气流的冲击。

劫持 F-111

F-111 是当时最优秀的飞机，所以前苏联迫切想得到一架这种飞机。越南战争中，前苏联专家通过无线电干扰，切断了一架正在执行任务的 F-111A 与基地的联系，迫使其在越南北部的机场降落。后来，飞机被分解、包装后运到前苏联。

马拉松式航程

1986 年 4 月 14 日晚，英国的 24 架 F-111 已经做好一切准备，马上要长途奔袭利比亚。这次马拉松式的飞行对于飞机员来说，是一场对意志和战斗素质的严峻考验。整个空袭战斗结束后，24 架 F-111 顺利完成任务，安全返航。

知识小笔记

武器小档案

类　　型：战斗机
生产厂商：美国通用动力公司
机　　长：23.16 米
机　　高：6.1 米
翼　　展：19.2 米
空　　重：25 000 千克
最大起飞重量：40 350 千克
最大飞行速度：2 140 千米/时

No.065

“夜鹰”——F-117战斗机

“夜鹰”是世界上第一种可正式作战的隐形战斗机，也是美国空军的“王牌”。该机最大特点是采用了许多隐身技术，所以敌方的雷达很难发现它。F-117 的飞行速度不是很快，但它携带的激光制导炸弹却非常厉害，命中率很高。

正在空中投弹的 F-117 战斗机

肩负重任

海湾战争期间，F-117 的出动架次仅占多国部队全部战机出动架次的 2%，但却攻击了 40%的战略目标，而且，它攻击的都是其他飞机无法攻击或难以攻击的目标。

只会用直尺的设计师

F-117 的全身找不到一处曲线和曲面的痕迹，几乎全部由直线和平面组成，连它的机翼和尾翼也都采用了没有曲线的菱形。难怪见过F-117 的人都打趣地说：“设计 F-117 的设计师们只会用直尺吧。”

隐身绝招

F−117A 的全身都涂上了灰黑色的涂层，这是一种吸收雷达波的涂料，雷达波照射在机身上后会被吸收，只有很少的雷达波会被反射回去。此外 F−117A 还采用了新型的燃料，这种燃料能高速燃烧，又可以快速冷却，避免被红外雷达发现。

知识小笔记

武器小档案

类　　型：战斗机
生产厂商：美国洛克希德·马丁公司
机　　长：20.3 米
机　　高：3.8 米
翼　　展：13.3 米
空　　重：23 625 千克
起飞速度：306 千米/时
最大速度：1 110 千米/时

有得必有失

F−117 的设计师们为了增强飞机的隐身性，不得不在其他一些性能上作出牺牲。比如，它的最大速度还没有超过音速，这在当今世界一流战机中几乎是不存在的。另外，它还不具备空战能力。

No.066

“猛禽”——F-22 战斗机

标准的第四代战斗机F-22主要用于替换美国空军的F-15战斗机，在美国空军武器装备发展中占有最优先的地位。美空军于2002年正式将F-22改名为F/A-22，确定其制空与对地攻击兼顾的双重任务。

灰色机身

F-22的机身采用复合材料，整个机身都是灰色，这是一种隐身涂料，可以减小雷达反射的面积。此外，F-22的机身下面看不见任何外挂武器，武器都装在机身里，使用时才打开武器舱门。

性能良好

F-22的各项指标性能都优于F-15战斗机，这些性能指标上的优势使F-22具有更强的空中格斗能力。此外，F-22的短距起降能力极佳，能在500米长的跑道上起降。

知识小笔记

武器小档案

类　型：战斗机
生产厂商：美国洛克希德·马丁公司 波音公司
机　长：18.93 米
机　高：5 米
翼　展：13.56 米
空　重：13 636 千克
最大飞行速度：2 335 千米/时

F-22"猛禽"战斗机的驾驶员座舱里有很多高科技装置

脚踏两只船

为了研制新一代的战斗机，美国的做法从来都是"脚踏两只船"，以洛克希德·马丁公司为首的几家公司负责研制 F-22；以诺斯罗普公司为首的另外几家公司负责研制 F-23。最终，F-22 凭借优良的性能在竞争中胜出。

FB-22

正当舆论惊叹第四代战斗机即将称霸 21 世纪的天空时，美空军又传出消息：由 F-22 改装的战斗轰炸机 FB-22 即将问世。FB-22 是一种中型战斗轰炸机，继承了 F-22 在飞行高度和速度上的优势。

“狐蝠”——米格-25 战斗机

米格-25 是前苏联在 1960 年研制部署的一种高空高速战斗机。它问世后，曾打破许多项飞行速度和飞行高度的世界记录。它对美军造成了很大的威胁，以至于美军想尽快研制出能对付它的战斗机。

“狐蝠”戏耍“鹰”

海湾战争打响的第二天，美国空军的 4 架 F-15C “鹰” 式战斗机在巡逻时发现前方有两架伊拉克空军的米格-25 战斗机，于是准备进攻，但米格-25 突然转弯，从 “鹰” 式战斗机的雷达荧光屏上消失了。

意外收获

2003 年 8 月 3 日，有人在伊拉克一个机场附近的沙漠里意外发现了数十架 “米格-25” 和 “苏-25” 战斗机。经初步检测，发现这批 “出土文物” 大都完好无损，只需稍做检修便可重飞蓝天。

极大的雷达功率

米格－25 不仅飞行本领很出众，而且电子对抗和抗干扰能力也很强。它的机载雷达功率极大，能够战胜敌机的干扰信号，发现目标。

知识小笔记

武器小档案

类　　型：高空高速战斗机
生产厂商：俄罗斯米高扬设计局
机　　长：22.5 米
机　　高：5 米
翼　　展：14 米
空　　重：15 000 千克
最大起飞重量：37 500 千克
最大速度：3 672 千米/时

叛逃的米格－25

1976 年 9 月 6 日，发生了一起震撼世界的事件。一名前苏军飞行员驾驶一架米格－25 叛逃到日本！美国情报人员立即赶到现场，急忙开始检测这件宝物。他们通过彻底解剖米格－25，终于明白了其设计原理。

看家本领——“侧转”

米格－25 具有侧转本领，侧转是指利用高超的机动性使自己从敌方雷达上暂时消失。在近距离的时候，很多战机雷达的上下扫描范围只有几十米，所以当敌机较近时，突然爬升或降低可以摆脱敌机雷达的跟踪。

No.068

“侧卫”——苏-27战斗机

苏-27 重型战斗机是近十年来最著名的战斗机，无论是在航展上展示优异性能，还是在实战中与对手一决高下，它都独领风骚。苏-27 的诸多改进型，如苏-30、苏-34、苏-35、苏-37，都曾引起世界的轰动。

模拟对抗

美国于 1995 年派出两架 F-15 飞机飞往莫斯科郊区库宾卡空军基地与俄空军苏-27 进行技（战）术对抗，结果苏-27 以 2：0 获胜。这是目前两型机唯一的一次模拟对抗，在实战中，两型机从未交战过。

出色的火控系统

苏-27 战斗机的火控系统使得飞行员在运用各种武器，尤其是近距格斗导弹方面得心应手。它的近距格斗能力超过了西方第三代战斗机，可与第四代战斗机 F-22 相媲美。

“眼镜蛇机动”

“眼镜蛇机动”是由前苏联试飞员普加乔夫驾驶苏-27 首创的。在做这一动作时，飞机的姿态很像眼镜蛇，所以，人称它为“眼镜蛇机动”，也有人称其为“普加乔夫机动”。

知识小笔记

武器小档案

- 类　　型：战斗机
- 生产厂商：俄罗斯苏霍伊设计局
- 机　　长：21.935 米
- 机　　高：5.932 米
- 翼　　展：14.7 米
- 空　　重：16 000 千克
- 最大起飞重量：30 000 千克
- 正常起飞重量：22 500 千克
- 航　　程：3 680 千米

空中格斗

1987 年，一架挪威的 P-3B 巡逻机沿着距离前苏联海岸线 90 千米的航线自西向东飞行，苏军防空部队的一架苏-27 战斗机升空进行监视。苏-27 飞行员在对其警告无效的情况下，发起了进攻。P-3B 的一台发动机很快停止了工作，只得拖着“病体”打道回府。

“幻影”——2000 战斗机

“幻影”2000 是 20 世纪 80 年代研制的多用途战斗机，1984 年开始在法国空军服役。该机技术先进，是世界上为数不多的完全不“师承”苏美技术的战斗机之一。“幻影”2000 目前是世界上最好、分布最广泛的战斗机之一。

“幻影” 2000 C

“幻影” 2000 B

“幻影” 2000 D

“幻影” 2000 N

“幻影” 2000 5F

“幻影” Ⅲ

“幻影”战斗机有一个很大的家族，它的第一代成员“幻影”Ⅲ屡经战火的考验，中东战争和印巴战争的战场上，都出现过它的身影。在 1982 年的英阿马岛冲突中，“幻影”Ⅲ也披挂上阵。

“幻影”F. 1

“幻影”家族的第二代是“幻影”F. 1 战斗机。这是一种全天候的战斗机，可以执行制空、截击、对地攻击等多种任务。“幻影”F. 1 是 20 世纪 70 年代研制的战斗机，除法军使用外，还向伊拉克等 10 多个国家出口。

多种改进型

“幻影” 2000 有多种改进型，其中“幻影” 2000 C 是单座防空截击型；“幻影” 2000 N 是双座对地攻击型，可携带核导弹执行核攻击任务；“幻影”2000 D是双座攻击型。

最新改进型

幻影 2000 家族的最新改进型是幻影 2000−5 型和幻影 2000−9 型，改进型包括采用先进的航空电子系统及由先进雷达和传感控制系统为核心的空对空、空对地攻击系统。

“幻影”2000−5

“幻影” 2000−5 是在“幻影” Ⅲ 的基础上改进而成的战斗轰炸机。它采用了先进的雷达，能一边扫描一边进行跟踪，并可同时发射 4 枚空对空导弹攻击不同目标。

note 知识小笔记

武器小档案

类　　型：战斗机
生产厂商：法国达索航空公司
机　　长：14.3 米
机　　高：5.2 米
翼　　展：9.13 米
空　　重：7 500 千克
最大起飞重量：17 000千克
最大航程：3 335 千米

No.070

“台风”——EF-2000 战斗机

“台风”战斗机是英、德、意及西班牙四国合作研制的新型战斗机。在此之前，由多个国家共同研制的飞机不多，像战斗机这样关系到国家安危的合作项目更是少之又少，因此说EF-2000开创了军事工业领域的一个新局面。

综合性能强

EF-2000 在机动性、敏捷性、近距格斗能力、超视距空战能力、短距起落和维护性能方面，均比以 F-15、F-14、米格-29 和苏-27 为代表的第二代战斗机有明显提高，甚至与 F-22 也相差不大。

武器装备

EF-2000 的机身右侧内装有一门 27 毫米的“毛瑟”机炮。它共有 13 个外挂点可以挂导弹，其中机身下 5 个，每侧机翼下各 4 个。

典型的多国制造

首架“台风”战斗机可以称得上是典型的“多国联合”，几乎每一个部件都来自不同的国家。最让人感到吃惊的是，“台风”战斗机的两个机翼竟然也由西班牙飞机制造公司和意大利阿莱尼亚公司“分摊”了！

“鸭式”布局

EF－2000 特意把水平尾翼移到飞机机翼之前，称为前翼。这种飞机看起来像一只展翅飞翔的鸭子，因此，人们将这种布局称为“鸭式”布局。俄罗斯的 S－37“金雕”战斗机、法国的“阵风”等也采用了这种布局。

知识小笔记

武器小档案

类　　型：战斗机
生产厂商：欧洲战斗机公司
机　　长：14.5 米
机　　高：6.4 米
翼　　展：10.5 米
最大起飞重量：21 000 千克
最大速度：2 450 千米/时
最大平飞速度：2 693 千米/时

自产自销

EF－2000 战斗机主要用于装备研制它的国家。英、德、意、西班牙四国共计划采购 620 架，其中英国采购 232 架，德国采购 180 架，意大利采购 121 架，西班牙采购 87 架。

完美无缺——“阵风”战斗机

“阵风”是法国空海军的下一代战斗机，于20世纪80年代初开始研制。它与欧洲战斗机“台风”和瑞典的JAS-39“鹰狮”并称为欧洲“三雄”。

地形跟随系统

“阵风”装有一套独特的地形跟随系统，在海面和陆地上都可以使用。一次试飞中，一位美国飞行员在“阵风”的后座上亲自参加了飞行，对该机的地形跟随系统大加赞赏，认为它“简直是完美无缺”。

知识小笔记

武器小档案

类　　型：战斗机
生产厂商：法国达索航空公司
机　　长：15.3米
机　　高：5.3米
翼　　展：10.8米
空　　重：9 060千克
最大速度：1 390千米/时

问世缘于分歧

20 世纪 80 年代初，法国也参加了由英、德、意和西班牙共同联合的“欧洲战斗机”计划启动工作。但法国与其他四个国家对下一代战斗机的设计看法有很大分歧，因此决定独自研究生产，于是开始研制“阵风”战斗机。

武器系统

“阵风”上共有 14 个挂点，其中 5 个用于加挂副油箱和重型武器，总外挂能力在 9 吨以上。“阵风”的主要空空导弹有“米卡”和“魔术”2。

马特拉“米卡”空空导弹

“阵风”的机载导弹“米卡”是法国玛特拉公司于 1981 年开始研制的一种先进中距空对空导弹。它的机动性能非常好，同时，集先进的近距格斗导弹和中距拦截导弹的优异性能于一身，大大提高了作战的灵活性。

No.072

“鹰狮”——JAS-39 战斗机

“鹰狮”是单座全天候全高度战斗/攻击/侦察机，它是按“一机多用”的原则设计的，通过改变数字式机载设备和计算机程序，同一架飞机可以执行几种不同的任务。

瑞典军机的特色

瑞典在自行设计制造超音速战斗机初期就牢记一个思想：新式战斗机既能在公路跑道上起飞降落，也能以超高速对轰炸机进行截击，还能携带一定数量的武器完成对地攻击和照相侦察任务。

“一机多型”的新发展

瑞典的“一机多型”思想在20世纪80年代又有了新的发展。瑞典空军要求新一代战斗机采用可编程序数字计算机，在换型时只要更换计算机程序，就可以适应不同的武器外挂并执行不同的任务。

对舰攻击

瑞典与北冰洋、北海、波罗的海毗邻，冷战时期受到前苏联很大的军事威胁，尤其是海空方面。为此，瑞典战斗机一直有较好的对舰攻击能力。JAS–39继承了这一传统，装备了多种空对舰导弹。

知识小笔记

武器小档案

类　型：战斗机
生产厂商：瑞典萨伯公司
机　长：14.1米
机　高：4.5米
翼　展：8.4米
平飞速度：1 470千米/时
最大飞行速度：2 448千米/时

不足之处

JAS–39最大的不足之处是不具备隐身能力。作为新一代战斗机，如果不具备这一性能，那么它在战场上的生存能力将大大降低。此外，它也不能进行超音速巡航。

No.073

“同温层堡垒”——B-52 轰炸机

“同温层堡垒”是美国空军重型战略轰炸机，于 20 世纪 50 年代末开始服役，目前只有最新的 B-52H 型仍在服役，可以说是标准的“老兵”。但经美军方的改进和升级，计划中 B-52 将一直服役到 2030 年。

50 周年纪念

近几年，B-52 的主要用途是携带大量的巡航导弹，在远离敌方防线的空域进行火力圈外攻击，有效弥补了其机动性上的缺陷。2002 年是 B-52 服役 50 周年，波音公司和美国空军为它举行了隆重的纪念活动。

知识小笔记

武器小档案

类　　型：远程战略轰炸机
生产厂商：美国波音公司
机　　长：48.5 米
机　　高：12.4 米
翼　　展：56.4 米
最大起飞重量：219 600 千克
最大载弹量：31 500 千克

最后的武士

B-52H 是 B-52 家族目前最新、最后一个型号。飞机总重 221 360 千克，1960 年 7 月试飞，1961 年 3 月正式装备部队。

“老兵”带来的震撼

海湾战争中，有 68 架 B－52G 投入对伊拉克部队的轰炸中，执行了 1 624 次任务，投下炸弹 2.57 万吨。B－52 所投炸弹的巨大爆炸声，给伊拉克军队以极大的震撼，大大削弱了伊军的士气和战斗力。

长途奔袭

海湾战争期间，B－52 机群从美国本土起飞，绕地球飞行近半周，共飞行 35 小时。有 35 枚导弹分别向伊拉克的 8 个重要目标飞去，包括发电厂、电力输送网、通信枢纽和预警中心。

地毯式轰炸

越南战争中，B－52 的地毯式轰炸给越南军队和老百姓造成了巨大损失。B－52 出动架次占各种作战飞机总架次的 1/10，却投下近一半的炸弹。

“枪骑兵”——B－1B 轰炸机

“枪骑兵”是美国空军超音速重型隐形轰炸机，首架机于1986年投入服役，目前在役的数量约为95架。B－1B在世界各种轰炸机中，最大有效载重量排名第一。

非凡表现

曾有一架B－1B在爱德华兹空军基地进行的20秒投弹轰炸中，一次投放了3种不同炸弹，分别击中3个目标，每个目标大约相距3 000米。其他飞机要进行3次轰炸，或者3架飞机协同攻击才能达到上述效果。

新闻焦点

B－1B在1995年完成了一次震惊世界的壮举。它从美国本土出发，绕地球飞行一周，中间进行了4次常规轰炸，最后安全飞回美国本土。为此，B－1B成了当时的新闻焦点。

变换的机翼

B－1B 的机翼是当今最流行的变后掠翼，当它起飞和着陆时，两个机翼尽可能向后掠，这样可以缩短滑跑距离；当它在几十米的超低空飞行时，两个机翼要微微张开些，这样则可以减轻飞机的颠簸。

载弹冠军

载弹量是衡量轰炸机作战能力的一项重要指标。目前在各国空军服役的轰炸机之中，B－1B 轰炸机的载弹量超过美国的 B－a52 和前苏联的 Tu－160，是真正的载弹冠军。

都是白天鹅惹的祸

1987 年 9 月 28 日，一架 B－1B 在科罗拉多州上空飞行，一只白天鹅撞在了它的 3 号发动机处，随着“轰隆”一声巨响，价值 1 亿多美元的 B－1B 就这样坠毁，3 名飞行员也随机丧生。

note 知识小笔记

武器小档案

类　　型：轰炸机
生产厂商：美国波音公司
机　　长：21.03 米
机　　高：5.18 米
翼　　展：52.43 米
最大起飞重量：170 550千克
最大作战航程：12 223千米

“幽灵”——B-2 轰炸机

“幽灵”B-2是目前世界上最先进的战略轰炸机，也是唯一的大型隐身飞机，它的隐身性能可与小型的 F-117 隐身攻击机相媲美，而作战能力却与庞大的 B-1B 轰炸机类似。

位居最差武器榜首

《美国新闻与世界报道》周刊在 1989 年请 25 名专家进行最差武器评选。结果，B-2 被评为最差武器的第一名，原因是其优异的性能不能与其昂贵的价格成比例。

保密级别高

B-2 的研制是保密程度非常高的军事科研工程。1982 年 4 月，诺斯罗普公司购置了洛杉矶郊区的一座闲置厂房，将其改装成保密工厂，保安人员 24 小时进行监控。

并非十全十美

世界上没有十全十美的事物，B-2 也不例外。由于B-2侧重于追求隐身效果，就必然导致它的其他性能有些不足。比如，它没有安装垂直尾翼，飞行起来很难操纵。

知识小笔记

武器小档案

- 类　　型：隐身轰炸机
- 生产厂商：美国洛克希德·马丁公司
- 机　　长：21.03 米
- 机　　高：5.18 米
- 翼　　展：52.43 米
- 最大起飞重量：170 550 千克
- 最大载弹量：22 680 千克

创记录的昂贵价格

据报道，美国国会批准购买的 20 架 B-2 单架价格已达到 10.2 亿美元，如果加上研制费用，每架则高达 22.2 亿美元。这比很多第三世界国家一年的军费总额还要高，创造了航空史上的记录。

"全球到达"和"全球摧毁"

B-2 飞机在空中不加油的情况下，作战航程可达 12 000 千米，空中加油一次则可达到 18 000 千米。它每次执行任务的空中飞行时间一般不少于 10 小时，美国空军称其具有"全球到达"和"全球摧毁"的能力。

No.076

“海盗旗”——Tu-160 轰炸机

“海盗旗”是前苏联最后一代、俄罗斯最新一代远程战略轰炸机。它于 20 世纪 70 年代初开始设计，1981 年 12 月首次试飞，1985 年服役，具有速度快、航程远、载弹量大等优点。

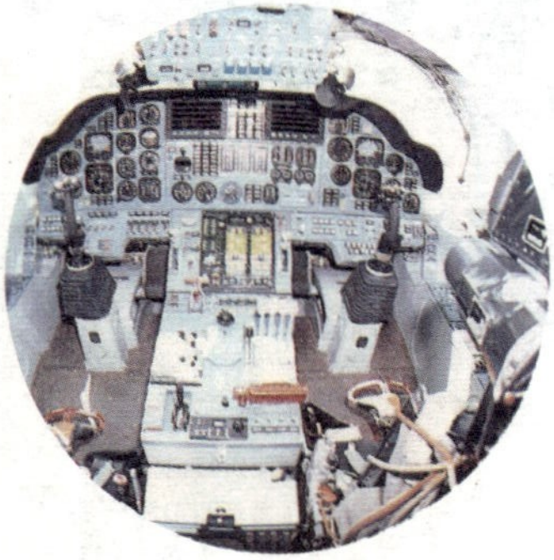

Tu-160 驾驶员座舱

强大的武器系统

Tu-160 的弹舱内可载自由落体武器、短距攻击导弹或巡航导弹等，机上有两个 12.8 米长的武器舱，武器舱内的旋转发射架可各带 6 枚巡航导弹。

抵偿债务

前苏联时期，大多数 Tu-160 布置在乌克兰境内。前苏联解体后，乌克兰把放在其境内的 8 架 Tu-160 战略轰炸机及相关地面设施，还有 575 枚巡航导弹交给俄罗斯，用来抵偿欠俄罗斯的债务。

红色 B-1

“海盗旗”在结构上与同时期的美国 B-1 轰炸机非常相似，因此被称为红色 B-1。“海盗旗”比 B-1 大且重，作战方式与 B-1 类似，但是战斗力并不占优势，电子技术和隐身技术远比 B-1 差。

机毁人亡

2003 年 9 月 18 日，俄空军一架 Tu-160 的发动机在飞行时着火，情况危急，机组人员驾驶飞机迅速远离有 20 000 人居住的村落和巨大的地下天然气储存设施，避免了一场严重灾难。随后，Tu-160 坠毁，机组人员全部丧生。

知识小笔记

武器小档案

类　型：远程战略轰炸机
生产厂商：俄罗斯图波列夫设计局
机　长：54.1 米
机　高：13.1 米
翼　展：35.6 米
机　重：118 000 千克
最大起飞重量：275 000 千克
最大平飞速度：2 000 千米/时
巡航速度：1 102 千米/时

图波列夫设计局

图波列夫

熟悉苏制飞机的人对图波列夫这个名字一定不陌生，因为图波列夫设计局与米高扬设计局、苏霍伊设计局一样，也是享誉世界的著名设计局。它的专长是设计大型轰炸机和客机。

“鹰眼”——E-2 预警机

No.077

预警机号称“千里眼”“顺风耳”，在海军航母编队中担任空中预警和指挥任务，保护航空母舰战斗群。它的机身上方有一个直径约 8 米的旋转雷达罩，外形就像一个大飞碟。

“视野”受限制

“鹰眼”当初是作为舰载预警机研制的，因此，它装备的雷达比较适合辽阔的海洋和平原地带，如果在地形起伏比较大的山区，它的“视野”就要受到影响。

圆形雷达天线罩

E-2 的背上背着一个大回盘，这实际是一个大型的雷达天线罩，通过支架与机身连接。内装有雷达天线和敌我识别天线。

从航空母舰上起飞的 E-2 “鹰眼” 预警机

贝卡谷地之战

以色列与叙利亚于 1982 年在贝卡谷地展开了一场"中东历史上规模最大的空战"。以色列派 2 驾 E-2C 执行任务。战斗结束，叙利亚损兵折将，连续被击落 81 架飞机，而以色列空军竟毫发无损。

知识小笔记

武器小档案

- 类型：预警机
- 生产厂商：美国格鲁门飞机公司
- 机长：17.5 米
- 机高：5.6 米
- 翼展：28 米
- 机重：18 090 千克
- 最大起飞重量：23 850 千克
- 最大速度：552 千米/时

被迫击落

E–2 从未被敌方击落，仅在海湾战争结束后损失了一架。当时一架 E–2C 起火，飞行员跳伞后飞机仍继续向前飞行。为了不泄露军事机密，美海军只得用F/A–18 战斗机击落了这架 E–2C。

预热雷达

E–2C 的雷达需要约 15 分钟预热才能达到额定功率，所以一般在起飞时雷达已经通电预热。由于雷达的平均功率很高，所以美海军严禁它在 1 600 米以下的高度使用该雷达，否则可能会引起火灾。

“望楼”——E-3 预警机

“望楼”是当今世界最先进的空中预警机。它是一种全天候远程空中预警和控制飞机，有下视能力，能在各种地形的上空执行预警任务。一架 E-3 预警机可抵得上 2~3 个雷达团的作战能力。

E-3 家族成员

E-3 的主要型号有 E-3A、E-3B、E-3C、E-3D 四种。E-3A 是美军的首批生产型，机舱内可载乘员 17 名。E-3B 是美军用最早两架 E-3 改进发展的，提高了目标处理能力和探测舰艇能力。E-3C 和 E-3D 是给北大西洋公约组织及英国空军的型号，基本与 E-3B 相同。

厉害的“眼睛”

E-3 的雷达监视范围达 50 万平方千米，比美国第二大州加利福尼亚州的总面积还要大很多。“望楼”身上装的雷达每 10 秒钟就能把它监视的范围扫描一遍，可以同时发现、跟踪 600 个目标。

▲E-3 监测系统

“空中指挥部”

“望楼”就像一个“空中指挥部”，不仅可以指挥几百架飞机进行空战，还能监视地面坦克、战车的调动以及地面雷达、导弹的部署情况，使指挥员可以获得一切可能威胁到自己军队的信息。

知识小笔记

武器小档案

类　　型	预警机
生产厂商	美国波音公司
机　　长	44 米
机　　高	12.5 米
翼　　展	39.7 米
最大起飞重量	156 150 千克
最大速度	1 010 千米/时
最大载弹量	27 000 千克

特别之处

E-3 机背上的雷达天线罩是它在外观上与其他飞机相比最特别的地方。这个雷达罩内部安装有雷达天线系统，这一雷达系统可以使 E-3 具有对大气层、地面、水面的雷达监视能力。

“徘徊者”——EA－6B电子干扰飞机

电子战飞机也称电子干扰飞机，主要任务是干扰敌方的雷达和通信系统。EA－6B“徘徊者”是美国研制的舰载电子战飞机。美军的EF－111“渡鸦”电子战飞机于1995年退役后，EA－6B成为美国防部唯一的电子战飞机。

军中“老兵”

EA－6B 于 1971 年 1 月首飞，共生产了 170 架，均于 1991 年前开始服役。按照计划，它将于 2010 年时开始退役，届时将终结 EA－6 系列在美国海军、陆战队、空军攻击部队中长达 40 年的服役历程。

任务艰巨

EA－6B 的主要任务是干扰和破坏敌方陆地、舰载和机载指挥控制通信以及与预警、目标捕获、监视、反飞机炮、空对地导弹、地对地导弹和地对空导弹有关的雷达。

更新换代

EA－6B EXCAP 是第二代 EA－6B，其干扰能力增加了 10 倍；EA－6B ICAP－Ⅰ是第三代，重新安排座舱；EA－6B ICAP－Ⅱ是第四代，极大增强了干扰能力；EA－6B ICAP－Ⅲ是 EA－6B 的增强型。

主动出击

EA－6B 可以携带 5 个外挂电子干扰吊舱，其中 1 个在机腹下，4 个在机翼下。每个吊舱安装了 2 个干扰收发机。EA－6B 能根据任务组合携带吊舱、副油箱和反雷达导弹。一旦探测到雷达源，它可以发射导弹将其摧毁。

知识小笔记

武器小档案

类　　型	电子干扰飞机
生产厂商	美国格鲁门公司
机　　长	18.24 米
机　　高	4.95 米
翼　　展	16.15 米
空　　重	14 321 千克
最大平飞速度	982 千米/时
最大着陆重量	20 638 千克

更新换代

EA－6B 在服役期间不断进行改进和更新。EA－6B EXCAP 是第二代 EA－6B，其干扰能力几乎增加了 10 倍；EA－6B ICAP－Ⅰ是第三代，重新安排座舱；EA－6B ICAP－Ⅱ是第四代，极大增强了干扰能力；EA－6B ICAP－Ⅲ是 EA－6B 的增强型。

意外造成的伤亡

1998 年，一架美军 EA－6B 电子战飞机在意大利一个滑雪度假胜地低空飞行时，割断了一条电缆车的缆索，造成 20 人死亡。

“大力神”——C-130 运输机

No.080

军用运输机是执行战略、战役和战术作战的重要工具。C-130“大力神”是美国研制的中型运输机，它是美国最成功、最长寿、生产数量最多的现役运输机，在美国战术空运力量中占核心地位。

C-130 驾驶员座舱

设计合理

C-130 自 1955 年开始生产以来不断改进，以满足不同的要求，但它的基本设计非常合理，所以现在的生产型飞机与原型机外形几乎没有差别。C-130 能在简易的机场起降，以涡轮螺旋桨发动机为动力。

冷战的产物

C-130 诞生在“柏林封锁事件”发生后。第二次世界大战刚结束，由于前苏联和盟国间矛盾逐渐激化，前苏联封锁了所有通往西柏林的陆上道路。盟国立即展开从空中向西柏林运送救援物资的行动，促进了运输机的发展。

知识小笔记

武器小档案

类　　型：运输机
生产厂商：美国洛克希德·马丁公司
机　　长：29.79 米
机　　高：11.66 米
翼　　展：40.41 米
空　　重：34 170 千克
正常起飞总重：70 310 千克
最大载重：19 870 千克
最大巡航速度：620 千米/时

扬名世界

C–130 参加过很多局部战争，被认为是一种设计十分成功、非常实用的中型战术运输机。50 多年来，C–130 共生产了近 2 100 多架，其中 1/3 以上用于出口，是世界著名的军用运输机。

“大力神”夜袭恩德培

1976 年 7 月，一架从特拉维夫飞往巴黎的法航航班被武装分子劫持，为了解救人质，以色列派近 200 名特种部队队员乘 4 架 C–130 军用运输机，装载着备用武器偷袭恩德培机场，当场打死、打伤武装分子 100 多人，救出全部人质。

“星”——C-141 运输机

“星”运输机是世界上第一种完全为货运设计的喷气式飞机。它早在 1965 年就开始在美军服役，能够运送美军大多数重型装备，它还运送过美国国家航空航天局的“哈勃”天文望远镜。

美国 KC-10“补充者”空中加油机给 C-141“星”运输机进行空中加油

空中大力士

C-141 的货舱能轻松地装载长达 31 米的大型货物，还可一次运载 208 名全副武装的地面部队士兵，或 168 名携带全套装备的伞兵。C-141 的机尾开有巨大的蚌式尾门，便于装卸大型货物。

方便货运

C–141 的货舱设计非常方便货运。运送车辆、小型飞机等带有轮子的货物时，工作人员既可以使用平坦的货舱地板，也可以快速地更换成带有滚轴的地板。运送人员时，可以在舱壁和地板上加装临时座椅。

运送登月飞船

1969 年，美国“阿波罗”11 号飞船成功完成人类首次登月后，一架 C–141 运输机将从月球返回的宇航员及密封舱从夏威夷运回休斯顿。

功成身退

在美国空军服役的最后两架 C–141 于 2004 年退役。美国空军特意为它们举行了隆重的退役仪式，以此来纪念它们 39 年来的辉煌。

知识小笔记

武器小档案

类　　型：运输机
生产厂商：美国洛克希德·马丁公司
机　　长：51 米
机　　高：11.9 米
翼　　展：48.7 米
最大起飞重量：146 863 千克
最大载重：31 239 千克
最大速度：804 千米/时
最大航程：5 148 千米

No.082 “同温层油船”——KC-135 空中加油机

可以为美国空军、海军、海军陆战队的各型战机进行空中加油的 KC-135,是在 C-135 军用运输机的基础上改进而成的一种大型空中加油机。它于 1956 年 8 月首次试飞,1957 年正式装备部队,代号“同温层油船”。

KC-135 的标志

改进型

为延长服役期限，提高战斗技术性能，美国空军改装了 300 余架 KC-135 空中加油机。KC-135 的改进型为 KC-135E 与 KC-135R。第一架改装的 KC-135 空中加油机于 1982 年试飞。

KC-135 “同温层油船” 空中加油机正在给 F-15 “鹰” 战斗机进行 空中加油

知识小笔记

武器小档案

类　　型	空中加油机
生产厂商	美国波音公司
机　　长	41.5 米
机　　高	12.7 米
翼　　展	39.9 米
最大起飞重量	146 285 千克
最大运油量	90 719 千克
最大货运能力	37 648 千克
最大速度	982 千米/时
最大航程	17 766 千米

工作表现出色

KC-135 不仅可以为各种性能不同的飞机加油，而且还可以同时给几架战斗机加油。当它仅用一个油箱加油时，每分钟可以加油 1 820 升。前后油箱同时使用时，每分钟可以加油 3 640 升。

▲空中加油机的加油系统

航空史上的奇观

1967年5月31日，一架KC－135正在空中为两架战斗机加油。突然，两架执行任务的A－3型加油机从远处飞来，请求KC－135为它们加油。于是，航空史上的奇观出现了：KC－135加油机的油管接着两架A－3加油机，A－3加油机的油管上又连接着两架歼击机，五架飞机以相同的航向、航速和高度像个整体一样前移。

→KC－135的驾驶舱

KC－10"补充者"空中加油机

KC－10是1977年由DC－10运输机改装而成的空中加油机，加油能力优于KC－135，可以同时给3架飞机实施空中加油。它的最大时速980千米，航程7 030米，供油量88吨，全重160吨。

→KC－10"补充者"空中加油机给F－16"战隼"战斗机进行空中加油

舰　艇

舰艇是海军的主要装备，用于在海上进行战斗活动或勤务保障，广义上也包括其他军用船艇，它们是各国海军的骄傲。现代舰艇按排水量、火力和用途可以分为：航空母舰、驱逐舰、护卫舰、巡洋舰、核潜艇等几种类型。

封笔之作——“小鹰”级航空母舰

No.083

“小鹰”级是继“福莱斯特”级之后，美国建造的最后一级，也是最大一级常规动力航空母舰。共建造了 4 艘，包括“小鹰”号、“星座”号、“美国”号、“肯尼迪”号。

“小鹰”号标志

整体结构

“小鹰”级航母从底部起 1~4 层是燃料舱、淡水舱、武器弹药舱和轮机舱，5~6 层是舰员居住舱、食品库、餐厅和行政办公室，7~8 层是舰载机维修间、维修人员的居住舱，9~10 层是机库、战斗值班室和飞行员餐厅。

三名军械人员正在搬运舰载机配置的高速反辐射导弹

要求严格

美海军对航空母舰舰长和副舰长的要求非常严格，只有在舰上驾机起降过 800~1 200 次、有 4 000~6 000 小时飞行记录，并担任过某些职务的人才有资格担任此项职位。

航母的导航系统

“小鹰”号

100多年前，莱特兄弟实现了人类历史上第一次成功飞行，他们所设计的飞机“小鹰”号也成为人类发明的第一架飞机。“小鹰”号航空母舰就是用莱特兄弟的飞机命名的。

北部湾事件

美国在1964年以驱逐舰在越南北部湾公海遭到越南鱼雷艇的攻击为借口，出动64架战斗机袭击了越南的4个海军基地和1座油库。轰炸越南的战机正是从“小鹰”级航母“星座”号上起飞的。

知识小笔记

武器小档案

类　　型：核动力航空母舰
生 产 国：美国
舰　　长：323.6米
舰　　宽：130米
吃　　水：11.4米
满载排水量：83 960吨
最大舰速：32节（1节=1.852千米/时）
舰　　员：5 480人

No.084

功勋卓越——“企业”级航空母舰

“企业”级是美国于 1959 年建成的第一艘核动力航空母舰，该级仅一艘。“企业”号一直是美国海军的骄傲，它开创了航空母舰发展的新纪元，对美国后来制定的航空母舰发展计划起到重要的推进作用。

“企业”号标志

史无前例的航行

美国海军为了测试核动力水面舰艇的持续航行能力，1964 年 8~10 月，“企业”号航空母舰与其他两艘舰艇一起进行了一次史无前例的环球远航训练。它们在 64 天中共航行了 60 375 千米，没有进行任何补给。

沉痛的代价

1969 年，美海军“企业”号航母舰员不慎将舰上弹药引爆，致使舰上其他飞机上的弹药相继爆炸，导致 15 架飞机报废，147 人死伤。为此，“企业”号航母经过 3 个月的大修才恢复了作战能力。

“企业”号在大西洋训练航行期间，测试反化学武器的甲板清洗系统。

气象员手拿风速计在甲板上认真测量精确的风速

耗资巨大

“企业”号核动力航母的造价达 4.51 亿美元，约为“福莱斯特”级航母的 2 倍。由于造价高昂，美国国会只批准兴建一艘。

知识小笔记

武器小档案

类　　型	核动力航空母舰
生 产 国	美国
舰　　长	331.6 米
舰　　宽	40.5 米
吃　　水	11.9 米
满载排水量	93 970 吨
最大舰速	35 节
舰　　员	7 200 人

荣耀的老“企业”号

“企业”号的舰名源于一艘同名航母，那艘同名航母被誉为“不沉的战舰”，是第二次世界大战时美国海军中战功最突出的一艘，也是同年代服役的航母中“寿命”最长的一艘。

No.085

巨无霸——“尼米兹”级航空母舰

虽然“尼米兹”级航空母舰是美国海军的第二代核动力航空母舰，但其吨位最大、现代化程度最高、耗资最多，堪称水面舰艇之最。它超凡的作战能力令对手望尘莫及，是很多国家梦寐以求的舰艇。

CVN－68 标志

称霸工具

“尼米兹”级航母的主要任务是远洋作战、夺取制空和制海权、攻击敌方海上或陆上目标、支援登陆作战及反潜等任务。自问世以来，它一直是美国在全球称霸的工具。

知识小笔记

武器小档案

类　　型	核动力航空母舰
生 产 国	美国
舰　　长	332.9 米
舰　　宽	40.8 米
吃　　水	11.3 米
满载排水量	93 970 吨
最大舰速	30 节
舰　　员	1 700 人

海上巨无霸

你能想象得出“尼米兹”级航母有多大吗？它的甲板面积比 3 个足球场还大，舰体高 70 多米，相当于 20 余层大厦的高度，是真正的“海上巨无霸”。

尼米兹

海军名将——尼米兹

尼米兹出生于美国得克萨斯州，曾是美国海军太平洋舰队司令、海军作战部部长、五星上将。为了表彰和纪念这位海军名将，美国政府将特大型核动力航空母舰命名为“尼米兹”号，并把 10 月 5 日定为“尼米兹日”。

钢铁巨兽

为了防御攻击，“尼米兹”号航母的舰体和甲板用高强度、高韧性的钢板建造，最厚部位的钢板达 63.5 毫米。舰内设有 23 道水密横舱壁和 10 道防火隔壁，消防防护措施完备。

生命力极强

厨师正在为航母上的官兵们准备晚饭

“尼米兹”级航空母舰的船体结构和布置是航母的典型形式。箱形的船体结构能承受很大的载荷，并可吸收中弹时的爆破能量；船体内“X”形的支撑构件起着吸收、传递和扩散冲击能量的作用。

No.086

法国特色——“戴高乐”级航空母舰

“戴高乐”级航空母舰是法国设计制造的第一种核动力航母，1999 年开始服役。它的综合能力仅次于美国的“尼米兹”级航母，法国人认为它是法国海军在 20 世纪最伟大的成就。

既美观又实用

“戴高乐”级航母算得上是世界上最漂亮、最具现代气息的航母。它的舰体光洁流畅，继承了法国军舰一贯浪漫的艺术特质。“戴高乐”级航母不仅外观好看，而且隐身措施也处理得很好。

偷懒的设计

“戴高乐”级航母的动力装置与其他核动力航母不同，没有专门研制核反应堆，直接安装了其他导弹核潜艇的反应堆。尽管这种偷懒的设计使它的航速比较慢，但却大大节省了设计的时间和费用。

“戴高乐”级航母甲板下还设有几类航空机修车间

问世背景

自从 20 世纪 60 年代 2 艘“克莱蒙梭”级服役之后，法国再无航母服役。至 70 年代，这 2 艘航母后续舰的问题提上了议事日程。经过激烈讨论，法国军方 1980 年 9 月制定了建造 2 艘“戴高乐”级核动力航母的计划。

知识小笔记

武器小档案

类　　型	核动力航空母舰
生 产 国	法国
舰　　长	261.5 米
舰　　宽	64.4 米
吃　　水	8.5 米
满载排水量	40 600 吨
最大舰速	28 节
舰　　员	1 700 人

造价高昂

法国原计划建造 2 艘“戴高乐”级航母，并于 1996 年服役，但迄今只有“戴高乐”号 1 艘入役，第 2 艘何时开工还没有确定。这主要是因为“戴高乐”级航母的造价高昂，对法国来说是个沉重的负担。

No.087 当代先进——“提康德罗加”级巡洋舰

巡洋舰是目前仅次于航空母舰的大型水面舰艇。“提康德罗加”级是美国海军现役数量最多的巡洋舰，共27艘，被誉为“当代最先进的巡洋舰”，它具有划时代的战斗力和生命力。

“提康德罗加”级的标志

建造数量之最

“提康德罗加”级的首舰“提康德罗加”号于 1983 年 1 月正式服役，至 1994 年 7 月最后一艘“皇家港”号入役为止，该级 27 艘的建造计划全部完成。“提康德罗加”级成为世界海军史上建造数量最多的一级巡洋舰。

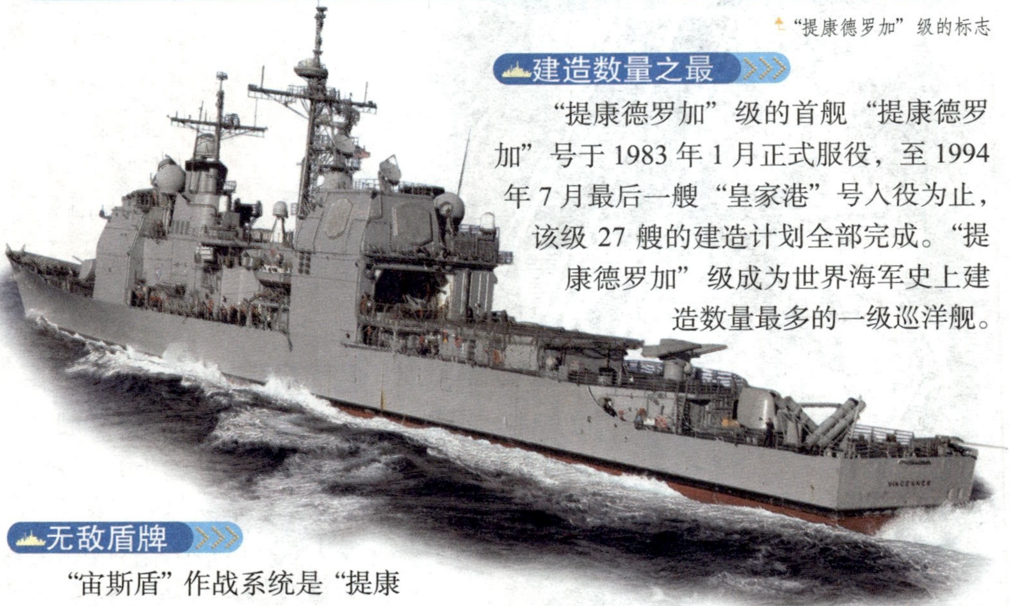

无敌盾牌

“宙斯盾”作战系统是“提康德罗加”级巡洋舰的无敌盾牌。这一先进系统可在开机后 18 秒内对 400 个目标进行搜索，跟踪其中的 100 个目标，并能指挥 12~16 枚导弹攻击对方。

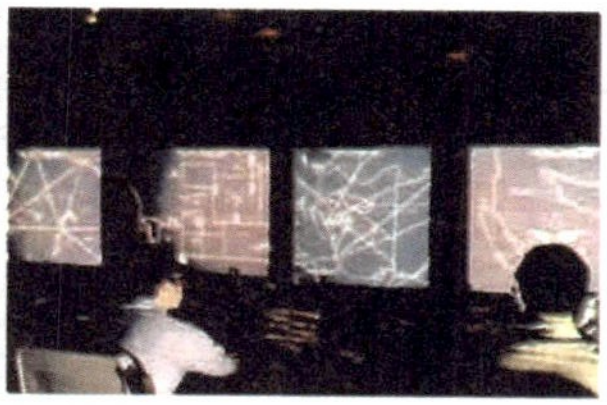

早期建造的“提康德罗加”级导弹巡洋舰上装备的是第一代指挥控制中心（上左图），相比“阿利·伯克”级导弹驱逐舰上的控制中心（上右图）要落后得多。

相控阵雷达

相控阵雷达是“宙斯盾”系统的“眼睛”。它与传统雷达不同，不需要机械转动，而是由 4 块平面天线阵组成。即使其中一个天线阵面瘫痪，搜索区也只是减少 1/4，整个雷达系统仍可继续工作。

无心之过

“提康德罗加”级巡洋舰服役 25 年来，充当了两次“客机杀手”。1988 年，“提康德罗加”级巡洋舰“斯文森”号因为雷达判断失误，将一架伊朗民航客机当作战斗机击落。2000 年，该级的“诺曼底”号巡洋舰又将一架埃及民航客机击落。

知识小笔记

武器小档案

类型	导弹巡洋舰
生产国	美国
舰长	172.8 米
舰宽	16.8 米
吃水	9.5 米
满载排水量	9 590 吨
最大舰速	30 节
舰员	358 人

No.088

家族之最——“基洛夫”级巡洋舰

前苏联为了与美国海军全面抗衡，履行远洋作战使命，于 20 世纪 80 年代初建造了“基洛夫”级巡洋舰。它创造了巡洋舰家族的三个世界之最：吨位最大、携弹量最多、最先采用导弹垂直发射装置。

直至今日，“基洛夫”级巡洋舰仍然是世界上威力最为强大的水面战舰。

经典之作

“基洛夫”级的武器系统集中体现了前苏联海军当时最现代化的技术，部分已被世界各国海军广泛借鉴。它被视为世界海军舰艇发展史上的经典之作。

知识小笔记

武器小档案

类　　型：核动力战斗巡洋舰
生 产 国：前苏联
舰　　长：248 米
舰　　宽：28.5 米
吃　　水：9.1 米
满载排水量：24 300 吨
最大舰速：33 节
舰　　员：900 人

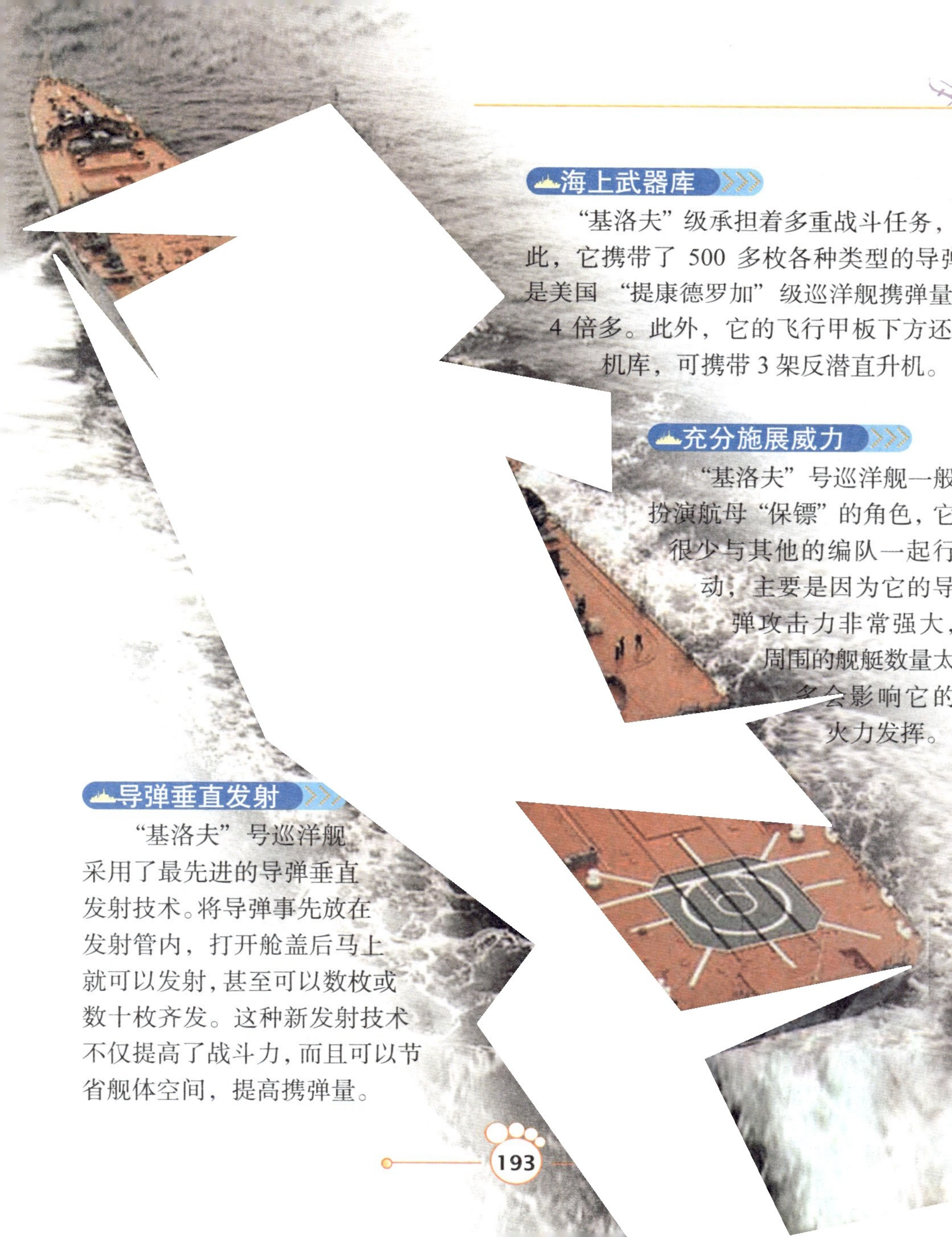

海上武器库

“基洛夫”级承担着多重战斗任务，因此，它携带了 500 多枚各种类型的导弹，是美国“提康德罗加”级巡洋舰携弹量的 4 倍多。此外，它的飞行甲板下方还有机库，可携带 3 架反潜直升机。

充分施展威力

“基洛夫”号巡洋舰一般扮演航母“保镖”的角色，它很少与其他的编队一起行动，主要是因为它的导弹攻击力非常强大，周围的舰艇数量太多会影响它的火力发挥。

导弹垂直发射

“基洛夫”号巡洋舰采用了最先进的导弹垂直发射技术。将导弹事先放在发射管内，打开舱盖后马上就可以发射，甚至可以数枚或数十枚齐发。这种新发射技术不仅提高了战斗力，而且可以节省舰体空间，提高携弹量。

No.089

海上战神——“斯普鲁恩斯”级驱逐舰

“斯普鲁恩斯”级是美国海军在 20 世纪 70~80 年代初陆续建成的一代大型导弹驱逐舰，曾是美国海军的主力驱逐舰。它共建造了 31 艘，包括反潜型、防空型和现代型三种型别。

“斯普鲁恩斯”级驱逐舰的鱼雷兵在日常养护中擦拭 MK-32 鱼雷发射管

逐步完善

“斯普鲁恩斯”级原型舰以反潜为主。后来，美国海军为适应现代海战要求，对其进行了一系列改进，加装了先进的武器装备和垂直发射系统，使之成为反潜、反舰、对地和防空能力都很强的驱逐舰。

海上战神的使命

“斯普鲁恩斯”级导弹驱逐舰被誉为“海上战神”，它的主要任务是为航空母舰特混舰队和海上运输船队护航，在两栖作战中实施火力支援，对敌方水面舰艇和潜艇进行监视警戒，并实施海上封锁和攻击。

斯普鲁恩斯

斯普鲁恩斯 1886 年 7 月 3 日出生在美国马里兰州。第二次世界大战时期他曾任太平洋舰队总司令兼太平洋战区最高司令、海军军事学院院长和美国驻菲律宾大使，被尼米兹称为“海军上将中的上将”。

斯普鲁恩斯

模块化技术

“斯普鲁恩斯”级导弹驱逐舰是美国海军首次采用模块化技术建造的军舰，具有建造速度快、质量好、费用低等优点，也极大地方便了以后的改装工作。

知识小笔记

武器小档案

类　　型:	导弹驱逐舰
生 产 国:	美国
舰　　长:	171.7 米
舰　　宽:	16.8 米
吃　　水:	8.8 米
满载排水量:	8 040 吨
最大舰速:	33 节
舰　　员:	339 人

稳定性与适航性强

“斯普鲁恩斯”级导弹驱逐舰具有非常好的稳定性和适航性，即使遇到很大的风速和一些恶劣的海上环境，仍然具有一定的航行能力。

“多面手”——“阿利·伯克”级驱逐舰

“阿利·伯克”级导弹驱逐舰在世界海军中可谓声名显赫。它是世界上第一艘装备“宙斯盾”系统并全面采用隐形设计的驱逐舰，具有极强的全面作战能力，代表了美国海军驱逐舰的最高水平。

“阿利·伯克”号的标志

勇于创新

“阿利·伯克”级一改驱逐舰传统的瘦长舰型，采用了一种少见的宽短舰型。这种舰型具有很强的适航性、抗风浪稳定性和机动性，能在恶劣海况下保持高速航行，摇动幅度很小。

庞大的家族

“阿利·伯克”级导弹驱逐舰是个兴旺的大家族，不仅建造数量多，型号也多，它们具有相同的舰体和动力装置，在武器装备的改进和高新技术的应用方面有些差异。

MK-45 型 127 毫米单管舰炮

三联装 324 毫米 MK-32 鱼雷发射管

名字的由来

“阿利·伯克”级驱逐舰是以美国海军上将阿利·伯克的名字来命名的。阿利·伯克是美国历史上最著名的驱逐舰中队战斗指挥官，于1955~1961 年连任三届美国海军作战部长。

阿利·伯克

海上作战“多面手”

“阿利·伯克”级是名副其实的海上作战“多面手”。无论是在远洋还是近海，它都能为航母战斗群和其他舰艇编队护航，为特遣部队与友军的联合作战提供远程保护。

知识小笔记

武器小档案

类型	导弹驱逐舰
生产国	美国
舰长	155.3 米
舰宽	20.4 米
满载排水量	9 238 吨
最大舰速	32 节
舰员	303 人

“科尔”号遭袭

2000 年，“阿利·伯克”级导弹驱逐舰的“科尔”号正在也门进行加油作业，突然遭到一艘橡皮艇的袭击，艇上的烈性炸药随即发生爆炸，造成 50 人伤亡。“科尔”号被炸了一个大洞，船厂花费了 2.5 亿才将其修复。

王牌战舰——"现代"级驱逐舰

20世纪七八十年代是美国和前苏联冷战的高峰期,著名的"现代"级导弹驱逐舰就诞生于这一时期。该级舰的主要任务是攻击敌航母编队和其他大中型水面舰艇,在两栖作战中实施火力支援、保卫海上交通线等。

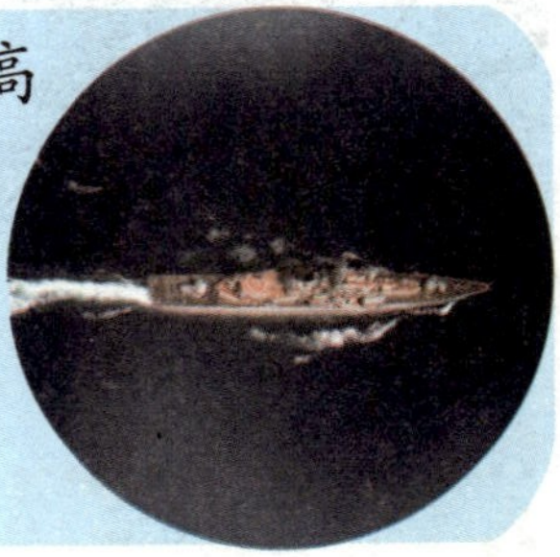

王牌战舰

"现代"级虽然和美国同类型的舰艇相比，在反舰能力方面占很大优势，但它的反潜和反防空能力比较差。不过，它至今仍是兵器排行榜中名居前列的王牌战舰。

隐身性强

隐身性是"现代"级驱逐舰的一大特色。为了减小雷达探测面积，舰体周围涂敷了一层雷达波吸收材料。此外，降低水下噪声的吸收涂层也在一定程度上抑制了红外线辐射强度。

奢华的居住环境

“现代”级驱逐舰上的居住环境甚至有点奢侈，不仅宽敞，而且配有空调和良好的通风系统，整体设计质量可以与豪华的美国舰艇相媲美。

反舰之王

“现代”级驱逐舰最大的本领是对付水面舰艇。它装备有 2 座四联“白蛉”式超音速反舰导弹，可在海面进行超低空飞行，只要一枚命中就可以让一艘 8 000 吨级的大型战舰沉没或彻底丧失战斗力。

给人以安全感

“现代”级驱逐舰的舰体相对较宽，从外表看上去给人一种平稳、宽大的感觉。因此，军事观察家们分析认为该舰“能在任何风浪的情况下出海征战”。

知识小笔记

武器小档案

类型：	导弹驱逐舰
生产国：	前苏联
舰长：	156.5 米
舰宽：	17.3 米
吃水：	6.5 米
满载排水量：	7 940 吨
最大舰速：	32 节
舰员：	3 398 人

No.092

静音之王——“公爵”级护卫舰

“公爵”级导弹护卫舰是英国海军最先进的护卫舰，也是世界上静音效果最好的护卫舰。它是英国海军 20 世纪 90 年代末至 21 世纪初的主要水面作战舰艇，承担了英国海军的大部分外交和战斗任务。

力求隐身

“公爵”级护卫舰是世界上最早采用舰体隐身设计的护卫舰。为减小雷达波反射面积，它的舰体和上层建筑都有一定的倾斜。此外，还大量使用了雷达吸波材料。

知识小笔记

武器小档案

类　　型	导弹护卫舰
生 产 国	英国
舰　　长	133 米
舰　　宽	16.1 米
吃　　水	5.5 米
满载排水量	4 200 吨
最大舰速	28 节

加强防空能力

为加强“公爵”级护卫舰的防空能力，该舰装备了威力强大的“海狼”防空导弹系统，并改装为具有 32 个发射单元的垂直发射装置，可以迅速攻击从任何方向袭来的目标。该舰是西方第一种装有垂直发射装置的军舰。

发射 AGM-84“鱼叉”导弹

生存第一

“公爵”级护卫舰的设计者充分吸取了其他驱逐舰的失败教训，不惜投入大量资金，全部采用耐高温钢结构材料，加强了指挥室、弹药库等重要区域的防弹能力。

尽职尽责

如果要出色地完成反潜战斗任务，达到最佳的攻击效果，就必须降低所有机械部分产生的噪音。为此，“公爵”级护卫舰实施了很多降低噪音的措施，如快速运动时柴油机和燃气机一起使用等。

No.093

“大众路线”——“佩里”级护卫舰

护卫舰是以火炮、导弹和反潜武器为主要装备的中型或轻型军舰。“佩里”级护卫舰是美国海军中性能适中的导弹护卫舰，具有多种战术用途，可以承担防空、反潜、护航和打击水面目标等任务。

“佩里”号的标志

知识小笔记

武器小档案

类　　型：导弹护卫舰
生 产 国：美国
舰　　长：135.6 米
舰　　宽：13.7 米
吃　　水：4.5 米
最大排水量：3 640 吨
最大舰速：29 节

各有所长

“佩里”级是世界最先进的导弹护卫舰之一，虽然它的性能不如某些高性能舰艇，但因其价格适中而获得大批量的建造。

▲“佩里”级护卫舰上的 MK-38 型 25 毫米舰炮

居住舒适

“佩里”级舰的上层建筑比较庞大，形成一个封闭的整体，这样能为舰员和设备提供更多的空间。该级舰配备的生活设施良好，每名舰员平均可以享受到 19.6 平方米的生活空间。

防不胜防

“佩里”级“斯塔克”号导弹护卫舰在波斯湾执行一次油轮护航任务中，被伊拉克战机发射的两枚导弹命中，舰体受到严重损坏，造成 37 人死亡。令人不可思议的是，伊导弹的攻击竟是在美军的监视下发生的。

维修方便

“佩里”级舰在设计中充分考虑到了舰体维修的问题，尽量减少舰上维修工作量。对于需要修理的设备采取舰外供应、整机更换、舰外修理等方式，尽量把舰上的设备集中成一组。

No.094

反潜之星——“不惧”级护卫舰

“不惧”级是世界上首批隐形护卫舰之一，也是前苏联海军研制的新一代护卫舰。它的布局十分合理，并安装了适应现代海战要求的武器系统和电子设备。该级舰共建成 3 艘，首舰“不惧”号 1985 年开工，1991 年开始服役。

奇特的隐身装置

“不惧”级护卫舰的设计独具匠心，沿舰体主甲板上方安装有一个水幕装置用的管路。这种水幕装置不仅可以用来冲洗核生化污染物，而且可在舰四周喷出一个冷却水幕，从而减弱红外辐射强度，达到隐形效果。

世界之最的舰炮

“不惧”级的舰首和舰尾分别装备有一座新型水冷式双 130 毫米全自动舰炮。这是世界上口径最大、重量最大、射程最远的舰炮，炮身右侧有一个小型光学射控装置，可以保证射击的准确性。

隐身法宝

为达到很好的隐身效果，“不惧”级舰的上层建筑采用倾斜式外壁，并涂有雷达波吸收材料。此外，还设有一个大型废气速冷系统，以冷却燃气轮机排放的高温废气，降低红外信号。

反潜功能强大

俄罗斯的鱼雷技术水平很高，护卫舰上装有中、远程火箭发射型鱼雷。“不惧”级的反潜功能十分强大，装有俄制第一代大型阵列天线声呐、拖曳声呐及一架KA27反潜直升机。

知识小笔记

武器小档案

类　　型	隐形护卫舰
生 产 国	前苏联
舰　　长	130 米
舰　　宽	15.5 米
吃　　水	5.6 米
满载排水量	4 400 吨
最大舰速	30 节
舰　　员	210 名

声呐

声呐是指利用水中声波进行探测、定位和通信的电子设备。声呐技术至今已有 100 多年的历史，它是英国海军刘易斯·尼克森于 1906 年发明的。

No.095

水上雕塑——“拉斐特”级护卫舰

法国“拉斐特”级多用途隐身护卫舰综合使用了多种隐身技术，是军舰将隐身性能与造型艺术完美结合的典范。法国海军计划建造 6 艘，首舰“拉斐特”号于 1995 年 7 月正式开始服役。

水上雕塑

“拉斐特” 级护卫舰上没有林立的烟囱和眼花缭乱的雷达天线，除了必须暴露的武器装备和电子设备外，舰上所有的设备一律采取隐蔽安装，外表光洁得就像一座水上的雕塑。

加强防空能力

“拉斐特” 级护卫舰最初被设计为一种多功能护卫舰，除具备一定的反潜和反舰能力外，更加突出了防空的能力。法国计划安装射程远，威力强大的垂直发射系统来进一步提高它的防空性能。

"拉斐特"级护卫舰的控制中心

迷失的直升机

实施了多项隐身技术的"拉斐特"级舰，其雷达反射截面积非常小，以至于当舰上的直升机升空执行任务准备归航时，用机上的雷达竟找不到母舰，这时就需要母舰故意增大雷达反射截面积。

"拉斐特"级护卫舰上可执行反潜和反舰作战的"黑豹"直升机，其重达 9 吨。

较强的隐身能力

"拉斐特"级护卫舰的隐身措施非常有特色。它的主舰体采用 V 字型，上层建筑呈倾斜 10°的倒 V 字型，舰上暴露的各个部位大多由倾斜的多面体组成，几乎找不到一个垂直平面，还在一些重要部位涂敷了雷达吸波材料。

知识小笔记

武器小档案

类　　型：导弹护卫舰
生 产 国：法国
舰　　长：125 米
舰　　宽：15.4 米
吃　　水：4 米
满载排水量：3 500 吨
最大艇速：25 节

两栖战舰——“黄蜂”级攻击舰

“黄蜂”级是目前世界上吨位最大的多用途两栖攻击舰，它集攻击舰、运输舰、船坞型登陆舰和医院船等功能于一身，可为登陆部队提供全面支援。首舰于 1988 年试航，1989 年 1 月正式服役。

可与航母相媲美

“黄蜂”级两栖攻击舰从外形看上去特别像航空母舰，这个排水量超过 4 万吨的“大家伙”，不但设有可以比拟航母的超大机库，还装有美国航母的招牌武器——“海麻雀”舰空导弹和“密集阵”防空系统。

知识小笔记

武器小档案

类　　型：两栖攻击舰
生 产 国：美国
舰　　长：257.3 米
舰　　宽：42.7 米
吃　　水：8.3 米
满载排水量：40 500 吨
最大航速：22 节
舰　　员：1 080 人

“海上医院”

“黄蜂”级两栖攻击舰不仅是一艘军舰，而且还是一座大型的“海上医院”。该级舰医用设备齐全，有600张病床、4个主手术室、2个紧急手术室、4个牙科诊所及药房、X光室和血库。

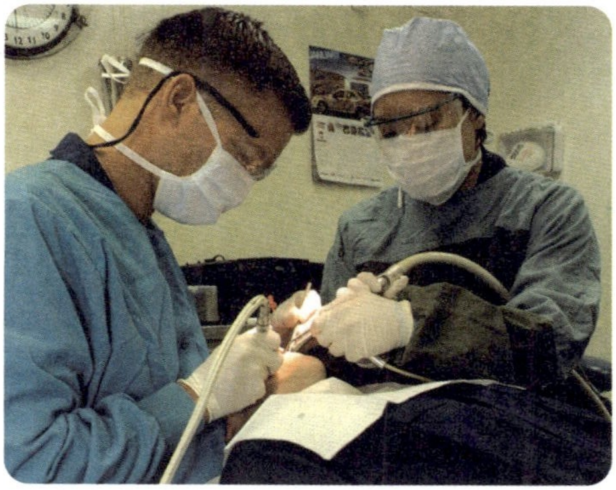

医生正在“黄蜂”级的手术室中进行牙科手术

不堪重负

目前“黄蜂”级两栖攻击舰搭载有12架CH46“海王”直升机和6架“鹞”式飞机。美国海军计划将来还要给它搭载同等数量武器，但这样的“重负”，会使它在某些环境下剧烈摇晃。

大块头的“指挥官”

由于“黄蜂”级舰增强了指挥、通信和控制能力，因此它可以作为两栖作战的指挥舰，对一场大规模的两栖攻击战进行指挥和控制。

No.097

金牌之师——“洛杉矶”级核潜艇

“洛杉矶”级是美国海军第五代攻击核潜艇，共建 62 艘，是当今美国海军潜艇部队的主要力量，也是世界上建造最多的一级核潜艇。它作为一种多功能、多用途的潜艇，可以执行的任务也是多元化的。

努力的结果

自从 1955 年美国海军拥有第一艘核潜艇以来，就一直想方设法要在核潜艇质量上超过前苏联海军。在这种思想的指导下，美国海军在 20 世纪 70 年代开始建造“洛杉矶”级核动力攻击潜艇。

任务多元化

“洛杉矶”级不仅可以反潜、反舰、为航空母舰特混舰队护航、巡逻和对陆上目标进行袭击，而且还可以执行潜艇的常规任务，如破雷、布雷，等等。

安静与高速之争

“洛杉矶”级核动力攻击潜艇设计之初，正是美国海军进行潜艇“高速型”和“安静型”争论之时。于是，研制者将两种设计思想分别体现在两级潜艇上。经过试验，美国海军采用了高速型的“洛杉矶”级。

“洛杉矶”级的驾驶舱

冤家相聚

我国有句俗语：不是冤家不聚头。1992 年 2 月，美国海军一艘“洛杉矶”级与一艘俄罗斯的 S 级潜艇在巴伦支海相撞，都受到轻微损伤。这次碰撞只不过是近年来美俄核潜艇多次水下碰撞中比较引人注目的一次。

知识小笔记

武器小档案

类　　型	核动力攻击潜艇
生 产 国	美国
舰　　长	110.3 米
舰　　宽	10 米
吃　　水	9.9 米
潜　　深	450 米
最大排水量	6 900 吨
最大艇速	32 节
舰　　员	133 人

No.098 潜艇之王——“俄亥俄”级核潜艇

“俄亥俄”级战略核潜艇是美国的第四代弹道导弹核潜艇，具有隐蔽性好、生存能力强和攻击威力大等特点。它是迄今各国海军中最先进的战略核潜艇，被称为“当代潜艇之王”。

“俄亥俄”号的标志

距离不是问题

“俄亥俄”级战略核潜艇能连续在水下航行几个月不用上浮，它既可以悄悄地接近敌方的领海或近海海域，也可以在较远的海域进行巡逻。

“俄亥俄”级弹道导弹核潜艇发射三叉戟 I 型导弹

知识小笔记

武器小档案

类　型	战略核潜艇
生产国	美国
舰　长	170.7 米
舰　宽	12.1 米
吃　水	11.8 米
最大排水量	18 750 吨
最大艇速	20 节
艇　员	155 人

一位军官正通过潜望远镜扫视，以确保不存在任何干扰潜艇浮出海面的障碍。

养精蓄锐

“俄亥俄”级的出航时间一般是 70 天，之后它只需返回基地保养 25 天便可再次出航。每一艘潜艇都有蓝组和金组两组船员，他们轮流当值，当一组出海巡航时，另一组便在陆上享受假期并为下一次出海作准备。

精简转型

前苏联于 1991 年解体后，美国开始大幅度削减其战略核力量。“俄亥俄”级核潜艇不仅过于庞大且需要花费高额费用，于是 4 艘“俄亥俄”级核潜艇被削减改装为能发射 154 枚“战斧”导弹的巡航导弹核潜艇。

巅峰之作

“俄亥俄”级是世界上单艘装载弹道导弹数量最多的核潜艇。它可以携带 24 枚三叉戟Ⅰ型或三叉戟Ⅱ型导弹，射程达 1.1 万千米，其威力足以摧毁一座大城市。

冰下霸王——“海狼”级核潜艇

“海狼”级核潜艇是 20 世纪 70 年代末美国为对抗前苏联的低噪声核潜艇而研制的，具有航速快、噪声小、隐蔽性好、武器装备精良等优点，它也是世界上装备武器最多的一级多用途攻击型核潜艇。

潜艇上的工作人员正在主控制舱内认真工作

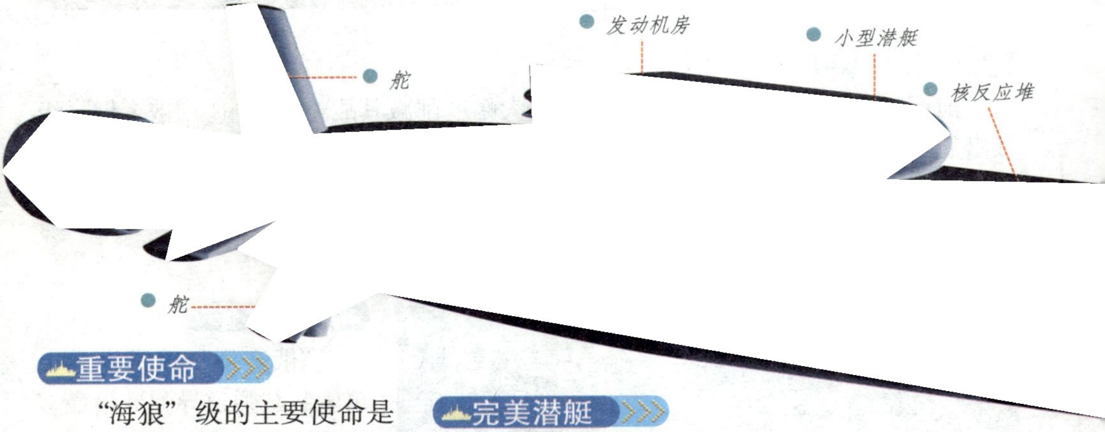

重要使命

“海狼”级的主要使命是反潜、反舰，为美国海上水面舰艇编队和弹道导弹核潜艇护航，向局部战争地区运送特种部队，攻击陆上的各种目标。

完美潜艇

已服役的“海狼”级潜艇在试航中的出色表现超出了美国海军的预料。它的安静性和攻击能力比现役美军主力攻击潜艇“洛杉矶”级有飞跃性提高，因此，被称为“迄今世界上最完美的潜艇”。

冰下霸王

“海狼”级的结构非常适于冰下航行。它采用水滴形艇体，阻力较小，有利于提高航速。此外，“海狼”级还配有先进的电子设备，水下探测能力很强。

知识小笔记

武器小档案

类　　型	攻击型核潜艇
生 产 国	美国
舰　　长	107.6 米
舰　　宽	12.9 米
最大排水量	9 142 吨
最大艇速	39 节
艇　　员	134 人

世界上最昂贵的潜艇

“海狼”级核动力攻击潜艇是世界上最昂贵的潜艇。1991 年美国计划用 336 亿美元建造 12 艘，平均每艘 28 亿美元，但后来因价格昂贵，美国国会决定终止该计划，最终只批准建造 3 艘。

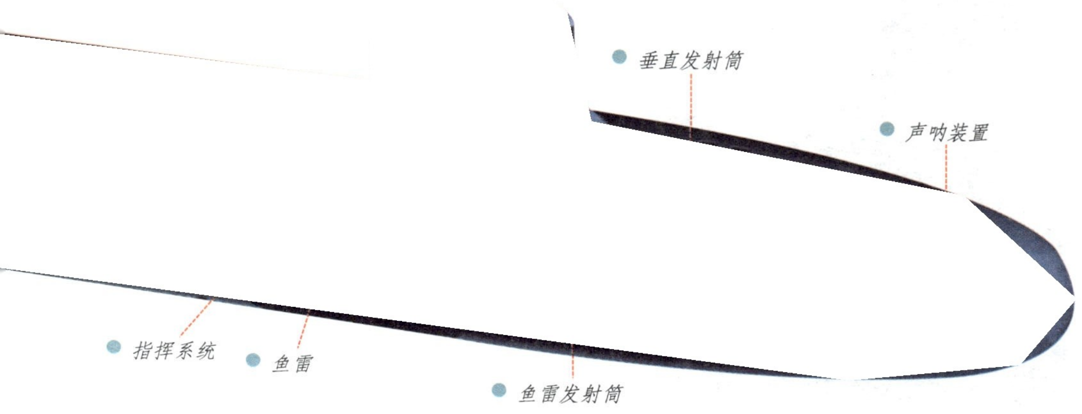

No.100

新秀——“弗吉尼亚”级核潜艇

“弗吉尼亚”级核潜艇是美军研制的新一代潜艇，具有强大的反潜、反舰、远程侦察、执行特种作战能力。它与在深海大洋等待与敌方战舰决斗的“前辈”们相比，近海作战能力尤其突出。

“弗吉尼亚”号核潜艇在美国弗吉尼亚州的诺福克港举行服役庆典仪式

“洛杉矶”级的替代者

“弗吉尼亚”级体现出了 21 世纪潜艇作战的新特点，具有用途广、隐形性好、作战能力强等优点，用来替换“洛杉矶”级攻击型核潜艇，成为目前美国海军近海作战的主要力量。

最安静的潜艇

“弗吉尼亚”级潜艇不但拥有世界最先进的声呐系统，而且光纤传感器能将周边环境图像传送到指挥舱的电脑屏幕上。此外，它的噪音仅为当今潜艇标准的 1/10，据称是“世界上最安静的潜艇”。

潜艇中的潜艇

“弗吉尼亚”级潜艇内的特种作战舱还可容纳一艘供特种部队使用的微型潜艇。在近海登陆作战中，小潜艇可以载着特种队员登陆作战。

知识小笔记

武器小档案

类　　型	攻击型核潜艇
生 产 国	美国
舰　　长	113 米
最大排水量	7 800 吨
水下艇速	25 节
舰　　员	132 人

新的作战任务

“弗吉尼亚”级核潜艇的作战任务与以往的快速攻击型核潜艇有明显不同，它更加注重打击近海的敌对目标，主要是在海岸与大陆架外缘之间的区域活动。它还装备了电子探测装置和发射巡航导弹的攻击系统。

值得纪念的日子

2004 年 10 月 23 日，对于“弗吉尼亚”级和诺福克港来说是个值得永远纪念的日子。因为那天首艘最新型攻击核潜艇“弗吉尼亚”号正式服役，庆典仪式就在诺福克港举行。

图书在版编目（CIP）数据

令孩子着迷的100个超级武器/畬田编著. —西安：陕西科学技术出版社，2009.1（2022.1重印）
（全景百科·学生版）
ISBN 978-7-5369-4374-2

Ⅰ. 令… Ⅱ. 畬… Ⅲ. 武器—少儿读物 Ⅳ. E92-49

中国版本图书馆CIP数据核字（2008）第190218号

全景百科·学生版

LING HAIZI ZHAOMI DE YIBAIGE CHAOJI WUQI

令孩子着迷的100个超级武器

出 版 人 崔 斌
责任编辑 李 栋
封面设计 李亚兵

出版者 陕西新华出版传媒集团 陕西科学技术出版社
西安市曲江新区登高路1388号陕西新华出版传媒产业大厦B座
电话（029）81205187 传真（029）81205155 邮编 710061
http: //www.snstp.com
发行者 陕西新华出版传媒集团 陕西科学技术出版社
电话（029）81205191 81205192
印 刷 三河市燕春印务有限公司
规 格 720 mm×1000 mm 1/20
印 张 11
字 数 183千字
版 次 2009年1月第1版
印 次 2022年1月第3次印刷
书 号 ISBN 978-7-5369-4374-2
定 价 49.80元